サシバ成鳥　4月 千葉県（Sh）

BIRDER SPECIAL

日本の渡り鳥
観察ガイド

先崎理之　梅垣佑介　小田谷嘉弥
先崎啓究　高木慎介　西沢文吾　原 星一
Young Guns

ムギマキ雄　5月 舳倉島
（石川県）（Ts）

文一総合出版

はじめに　渡り鳥ってどんな鳥？　4

第1章

鳥の渡りの不思議をひもとく　7

【渡りという現象の謎とき】
- 01　鳥はなぜ渡る？　8
- 02　鳥はいつ,どうやって渡る？　12
- 03　鳥はどこを渡る？　16

第2章

Japanese Flyways

日本周辺の鳥の渡りルート　23

日本の渡り鳥たちの"空の道"　24

【日本のフライウェイ】
- 01　サハリン・千島と北海道・本州・四国・九州を結ぶルート　26
- 02　朝鮮半島と九州・南西諸島を結ぶルート　30
- 03　日本海の離島を結ぶルート　34
- 04　北極と日本とオセアニアを結ぶルート　38
- 05　大陸と北海道を結ぶルート　42
- 06　大陸と本州を結ぶルート　44
- 07　九州近辺と中国東部を結ぶルート　46

日本の渡り鳥観察ガイド

表紙写真
オオルリ雄　5月 天売島(北海道) (Sm)
クロツグミ成鳥　8月 北海道 (Sm)
オナガガモ雄　3月 北海道 (Ts)
オオワシ成鳥　2月 北海道 (Sh)

裏表紙写真
ハマシギ, トウネン, ヨーロッパトウネンの群れ　11月 千葉県 (Ts)
マガンのねぐら立ち　4月 北海道 (Sh)

目次写真
ハイタカ幼鳥　9月 北海道 (Sh)
ハマシギの群れ　5月 佐賀県 (Ts)

CONTENTS　目次

第3章

環境別，渡り鳥探しのポイント集　49

【渡り鳥はここにいる】

01	海岸	50
02	河川	52
03	湖沼	54
04	干潟	56
05	農地	58
06	ヨシ原	60
07	山・峠	62
08	岬	64
09	離島	66
10	海岸林	68
11	都市公園	70

第4章

渡り鳥探しの目の付けどころ　73

【渡り鳥を効率的に探すには？】

01	気象条件に注目しよう	74
02	鳴き声に敏感になろう	78
03	季節と時刻に目を付けよう	82
04	年に着目しよう	86

第5章

人気の渡り鳥出会い方ガイド　89

【渡り鳥に会いに行こう】

01	オオワシ・オジロワシ	90
02	ハチクマ	91
03	シロフクロウ	92
04	トラフズク	93
05	ハクガン・シジュウカラガン	94
06	シマアジ	95
07	アカアシミツユビカモメ	96
08	コシジロアジサシ	97
09	ヤマシギ	98
10	ジシギ類	99
11	ムナグロ	100
12	レンカク	101
13	ヤツガシラ	102
14	オオモズ	103
15	ヒヨドリ	104
16	オジロビタキ・ニシオジロビタキ	105
17	マミチャジナイ	106
18	コルリ	107
19	メボソムシクイ上種	108
20	オオセッカ	109
21	ツメナガセキレイ	110
22	シベリアジュリン	111

第6章

分類別，渡り鳥おすすめ観察スポット　113

【渡り鳥おすすめ観察スポット】

01	ワシタカ類	114
02	ガンカモ類	116
03	カモメ類	118
04	シギ・チドリ類	120
05	森林の陸鳥	122
06	開けた場所の陸鳥	124

●Column　コラム

BIRDER DIARYでヒタキの初認を読む	6
渡りに関連した翼の形態あれこれ	22
あるチュウヒの生涯～個体識別による渡りルートの解明	48
夜間の渡り時に鳴く鳥・鳴かない鳥	72
迷鳥飛来のメカニズム①	88
迷鳥飛来のメカニズム②	112

写真クレジットの略号
(Uy)：梅垣佑介，(Oy)：小田谷嘉弥，
(Sh)：先崎啓究，(Sm)：先崎理之，
(Ts)：高木慎介，(Nb)：西沢文吾，
(Hs)：原 星一，(B)：BIRDER

引用・参考文献について
本書では本文中で引用・参考とした文献は「○○○○*¹」といった形で表示し，文献の詳細な情報はp.126-127にまとめた。

1 ヤンバルクイナ 5月 沖縄県（Sm）
本種は渡りどころか飛ぶこともままならない

2 ツバメ 5月 北海道（Sh）
日本を代表する夏鳥の1つ。3～10月を日本で過ごす

はじめに
渡り鳥ってどんな鳥？

text●先崎理之

「留鳥」と「渡り鳥」

　私たち人間のほとんどは，自宅や職場，学校といった比較的狭い範囲を中心に，周年活動している。遠出するのは，たまの週末か，長期休みに旅行に出かける程度という人も多いのではないだろうか。

　鳥の中にもこうした生活スタイルの種類はいて（もちろん彼らは旅行には行かないだろうが），これらは「留鳥」と呼ばれる。例えば，子育てのときも極寒のときも，毎日のように筆者の自宅横のストローブマツ並木に止まっているハシボソガラスは留鳥だ。また，分布する島から出ないルリカケスやヤンバルクイナも留鳥の代表格だ（写真1）。

　しかし，鳥では夏と冬で異なる地域で過ごす種類が実に多い。例えば，商店街の軒先で繁殖するツバメは，日本にいるのは夏だけで，冬はもっと南の地域で過ごす。人間からすればびっくりのこうした生活スタイルをもつ種類は「渡り鳥」と呼ばれ，春秋に行われる滞在地間の移動を「渡り」と呼ぶ。また，渡り鳥の移動軌跡，あるいはそれらが集中する範囲を「渡りルート」と呼ぶ。

　一般的に渡り鳥は「夏鳥」「冬鳥」「旅鳥」という3つのグループに分けられることが多い。夏鳥は夏季に繁殖のために訪れる種類。冬鳥は冬季に越冬のために訪れる種類。そして旅鳥は，春秋の渡り時期のみ，その地域に立ち寄る種類だ。例えば，先に挙げたツバメ（写真2）は夏鳥で，繁殖のために日本を訪れる。日本で越冬するコハクチョウ（写真3）は冬鳥で，日本より北方で繁殖する。もっと南で越冬する多くのシギ・チドリ類は旅鳥だ（写真4）。ちなみに，南北に長い日本では，場所によって同じ種類でも夏鳥か，冬鳥か，はたまた旅鳥かは大きく変わる。例えば，オオジュリンは北海道では夏鳥だが，関東以南では冬鳥だ。さらに，ヒバリ，シジュウカラ，ヒヨドリのように留鳥とみなされがちな種類でも，地域によっては渡りをする個体も多い。

渡り鳥観察のために
～本書の使い方

　大空を自らの翼で羽ばたいて移動する渡りという現象は，鳥類を特徴づける生態の1つである。そ

③ コハクチョウ 4月 北海道（Sm）
10〜4月を日本で過ごす

④ ヘラシギ 5月 北海道（Sm）
春秋に少数が日本を通過する旅鳥。近年激減している

のため，渡りは多くの鳥類学者やバーダーを魅了し続けてきた——渡り鳥はどこに向けて，どのように，そしてなぜ渡るのか？ 本来の分布域外で見られる迷鳥はどうしてやってくるのか？ 私たちは，いつ，どこで，どのようにして渡り鳥を観察することができるのか？ 渡り鳥を目にする多くの人々が，日々このような疑問を抱いているに違いない。

本書は，渡りという現象をより深く理解し，バーダーが野外で渡り鳥に出会うためのさまざまなノウハウを提供する，日本初の書籍だ。1章では，渡り鳥はなぜ渡るのか？ という疑問に答えると同時に，私たち人類が鳥類の渡りという現象をいかにして理解しようとしてきたのかを振り返る。2章では，現在わかっている日本周辺の主要な渡りルートを紹介する。3章では，渡り鳥が見やすい条件を環境別に整理する。例えば，数多の都市公園の中でも，渡り鳥が見やすい都市公園には何らかの特徴があるのか？ といった点を探る。4章では，どの環境でも共通する渡り鳥を見つけるためのテクニックを解説する。例えば，渡り鳥が見やすい天候や気圧配置は見極められるのか？ といったことを探る。5章では，筆者らがイチ押しの渡り鳥の観察ガイドを紹介する。ある種について，渡りの時期や見やすい場所，条件を詳細に掘り下げた。最後に6章では，全国の選りすぐりの渡り鳥観察スポットを鳥の分類群別に掲載する。どの章でも，ビギナーからベテランバーダーまで幅広い観察者の一助となることを願い，渡り鳥観察に役立つ記述をなるべく多く含むように心がけた。また，対象とする渡り鳥は，旅鳥に限らず，夏鳥や冬鳥も含め，できる限り多くの写真を収録した。本書を手に，渡り鳥観察を楽しんでいただければこれほどうれしいことはない。

最後に，本書の作成にご協力いただいた方々への謝辞を申し上げる。（株）文一総合出版の中村友洋氏には企画から編集に至るまでお力添えいただいた。また，青塚松寿，天野洋祐，今井敦，上野信一郎，大西敏一，及川樹也，川野紀夫，小島渉，斉藤安行，庄子晶子，先崎愛子，所崎聡，仲村昇，平岡考，細谷淳，渡部良樹の各氏には写真の借用への協力や貴重な助言を頂いた。深く感謝申し上げる。

Column 1

BIRDER DIARYでヒタキの初認を読む

text●BIRDER

※本稿はBIRDER 2017年7月号の記事に，2019年の手帳のデータを加えて再構成した。

BIRDER 1月号の付録「BIRDER DIARY」（2014年～）には，全国14か所の野鳥観察施設の協力を得て，鳥の確認情報を載せている。これらは施設スタッフの定期的な巡回・巡視や来館者からの情報提供によって得られたものだ。ここでは人気の夏鳥のオオルリ，キビタキ，サンコウチョウの記録を各地・各年で抜き出してみた。

キビタキ＆オオルリ→サンコウチョウ

まずわかるのは3種の初認の順番だ（表）。サンコウチョウはどの施設，どの年でもオオルリやキビタキより3週間～1か月は遅く渡来する傾向がある。図鑑などに書かれているサンコウチョウの越冬地が，ほかの2種よりも極端に南ということはないので，渡りのスタート時期が遅いか，ルートや飛行速度の影響で移動時間が長いかのどちらかだろう。

一方，オオルリとキビタキだが，比較できたデータのうち，「オオルリが早い」「キビタキが早い」「同日に記録」の件数はほぼ同じで，全国的に見ると，どちらかが早く渡来するということはなさそうだ。しかし，施設ごとに見ると，横浜自然観察の森のようにほぼオオルリが早い場所，逆に福島市小鳥の森のようにキビタキが早い場所といった，大まかな傾向はある。豊田自然観察の森のように，年によってどちらかが早かったり，同着という施設もあるが，近くの施設の傾向がわかれば，「キビタキが来てるならオオルリもいるはず」といった観察の目安にはなるかもしれない。

初認前線を作れるか？

現在，いくつかの渡り鳥でサクラの開花前線のように，初認前線を作る試みが進んでいるが，手帳のデータからも大ざっぱな前線が作れるかもしれない。そこでデータが比較的揃った7施設で，キビタキの初認日を比べてみた（図）。

キビタキは春の渡りで北上してくるので，南西の施設ほど初認日は早いはずだ。確かに今回比べた中で最も北東のウトナイ湖サンクチュアリネイチャーセンターは，他施設より約3週間は遅い。一方，九州〜本州の6施設の初認日を見ると，一部の例外はあるが，キビタキが記録される順番はだいたい決まっているようだ。さらに，2015年はどの施設も前年よりキビタキの初認は早く，翌年は遅くなったように，2013〜2018年の初認日の変化（＝グラフの形）は各施設でほぼ同じだった。

キビタキの初認はおよそ西からで，ある地域で初認が早ければ，ほかの地域も早い――経験則では誰もが感じていることだが，それをデータで示すためには，継続してきちんと記録をとり続けるしかない。マイフィールドの初認記録をつけ続け，それを各地の情報と照合すれば，より高い精度で初認を予測できるかもしれない。

	オオルリ	キビタキ	サンコウチョウ
油山自然観察の森（福岡県）			
2013	4/7	4/7	
2014	4/12	4/12	
2015	4/8	4/5	
2016	4/10	4/10	
2017	4/9	4/5	5/14
2018	3/30	4/1	
湖北野鳥センター（滋賀県）			
2014	4/17	4/17	5/2
2015	4/13	4/11	5/6
2016	—	4/16	5/5
2017	4/16	4/13	5/8
2018	4/13	4/9	5/3
豊田市自然観察の森（愛知県）			
2013	4/14	4/15	
2014	4/15	4/15	5/23
2015	4/4	4/9	5/17
2016	4/16	4/12	5/14
2017	4/15	4/14	5/16
2018	4/17	4/10	5/11
横浜自然観察の森（神奈川県）			
2013	4/15	4/16	
2014	4/19	4/19	
2015	4/7	4/12	
2016	4/9	4/20	
2017	4/12	4/12	
2018	4/3	4/12	
福島市小鳥の森（福島県）			
2013	—	4/20	5/9
2014	4/23	4/23	5/6
2015	4/24	4/10	5/8
2016	4/16	4/14	5/3
2017	4/22	4/19	5/10
2018	4/17	4/16	5/10
ウトナイ湖サンクチュアリネイチャーセンター（北海道）			
2013	—	5/10	
2014	5/10	5/10	
2015	5/3	5/9	
2016	4/29	5/5	
2017	—	5/7	
2018	—	5/4	

表 各施設のキビタキ，オオルリ，サンコウチョウの初認日（経年でデータがそろっているものを抜粋）
オオルリとキビタキを比較し，早く渡来したほうの枠を黄色にした。同着も意外に多いことがわかる

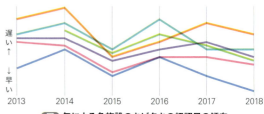

図 年による各施設のキビタキの初認日の傾向

（姫路：姫路市自然観察の森，兵庫県）

※本稿制作に当たり，情報を提供していただいた各施設に深くお礼申し上げます。

ハチクマ成鳥　9月 北海道（Sh）

第1章　鳥の渡りの不思議をひもとく

ある時期になると現れ，
またある時期になるといなくなる鳥たち……
――渡りという現象は古くから人々の関心を
引いてきた。時計や地図をもたない鳥が，
なぜ，どうやって地球規模で移動するのか，
その実態が見えはじめたのは最近のことだ。
本章では鳥がそもそも渡る理由と渡りを
調べる方法について，最新の情報を紹介しよう。

ツバメ幼鳥　8月 京都府（Uy）

渡りという現象の謎とき
01

鳥はなぜ渡る？

「渡り」といえば「鳥」が真っ先に思いつくほど，鳥の渡りはよく知られた現象だ。
でも人が渡りの存在に気づいたのは意外にも最近のことらしい。
そして「なぜ渡るのか」という問いについては，今まさに研究が進んでいる。

text●先崎理之

私たちにとっての"渡り"の歴史

　現在，野鳥観察を楽しむ人たちにとって，鳥が渡りを行うことはよく知られた事実である。しかし，私たちが，鳥の渡りを証明するに至ったのは，長い人類の歴史の中ではごく最近のことだ。

　ある季節になると鳥がいなくなる現象は，古くは旧約聖書の時代から知られていた。紀元前2世紀ごろギリシャの哲学者アリストテレスは，この現象を「鳥が冬眠をするため」，あるいは「ほかの種類に変化するため」と説明した。今となっては滑稽な解釈ではあるが，この説はその後2000年以上にわたり，多くの科学者に支持されてきた。実際，水中で越冬するツバメを見たと主張する人すらいたらしい。

　そんな中，番号を刻んだ足環を小鳥に装着して放鳥する試み，いわゆる「標識調査」が19世紀末に初めて実施された。これにより，ある季節になると鳥がいなくなるのは，鳥がどこか別の場所に飛んでいくためだということが初めて明らかになった。現在では，標識調査だけでなく，多種多様な発信機を活用した技術の発展により，鳥がいつ・どこに渡るのかに対する私たちの理解は劇的に進んでいる。

　しかしながら，多くの科学者が現在進行形で挑戦し続けているにも関わらず，鳥がなぜ渡るのかという問いは，いまだに完全には解明されていない。

1 ヒガラ　11月 北海道（Sm）
長距離を渡らない本種の翼は幅広く短い

2 アカアシチョウゲンボウ雄
6月 北海道（Sm）
極東で繁殖し，アフリカまで渡る小形のハヤブサの仲間

鳥はなぜ渡るのか？

この問い，一見単純だがよく考えると確かに奥が深い。その答えに辿り着くには，大きく分けて以下の3つの切り口から考える必要がある。①どんな形態的・生理的要因が長距離の渡りを可能にするのか？ ②渡りにはどんな見返りがあるのか？ ③何を頼りにして渡るのか？ ——簡単な問いから難しい問いまであるが，ここでは1つ1つ答えに迫ってみよう。

①どうして渡りができるのか？

最も単純な答えは，「飛ぶことを可能にする翼があるから」だ。多くの飛べない鳥は渡らないので，それは間違いではない。しかし，飛べても渡らない鳥はいるので，十分な説明とはいえないだろう。それでは，飛ぶこと以外に，渡る鳥と渡らない鳥ではどこが違うのだろうか？

古くから着目されてきたのは翼の形だ。多くのスズメ目の鳥とシギ・チドリ類において，長距離を渡る種類ほど，翼は細くて先端がとがっていることがわかっている。逆に渡らない，あるいは渡り距離が短い種類の翼は幅広くて短い（写真1）[1,2]。細くてとがった翼は，空気抵抗やエネルギーの消費を抑えながら飛ぶのに適しているのだ[3]。ちなみに，翼の長さも渡り距離と関連がありそうだが，シギ・チドリ類の場合，翼の長さと渡り距離にはあまり関係がないらしい[4]。

さらに，体重と飛び方も渡り距離を決める重要な要因らしいことが近年わかってきた。196種の渡り鳥の移動パターンから，渡り距離を決める要因を調べた研究では，

3　ハヤブサ　3月 北海道（Sh）
写真2と同じハヤブサの仲間だが，高緯度地域の個体は長距離を渡り，アメリカ本土の標識個体が日本で記録されたこともある

4　インドガン　7月 北海道（Sm）
優れた飛翔能力があり，日本にしばしば迷行する

スズメ目やチドリ目などの羽ばたき飛翔によって渡る種類の場合，体重が軽い種類だけが長距離を渡ること，一方でタカやハヤブサなど滑空によって渡る鳥だと，体重が重くても長距離を渡ることが明らかになった（写真2，3）[5]。羽ばたき飛翔は，体重が増えれば増えるほど，飛ぶために必要なエネルギーが増えるため，体重が渡り距離を制限するが，滑空は自らのエネルギーを使わずに飛ぶことができるので，体重とは無関係に長距離を飛べる，ということのようだ。

このほかにも，高度8,000m級の山々が連なるヒマラヤ山脈を越えるインドガン（写真4）のように，効率的な呼吸法や酸素を効率よく体内に取り組む生理学的仕組みを発達させることで，困難な渡りを可能にしている種類もいる[6]。

② 渡って何かよいことが
　あるのか？

　多くの渡り鳥はとてつもない長距離を毎年律義に渡る。渡りの途中で危険な目にあうことも日常茶飯事なはずだ。なぜ彼らは危険を冒してまでも渡るのか？ それは渡りによって得られる「見返り」があるからにほかならない。

　天敵やライバルの少ない場所に行ける点も考えられるが，最も合理的な見返りは，渡りによって生存や繁殖に有利な気候や食物を得られるという点だ。アメリカの鳥類学者マッカーサーは，北米で繁殖する鳥類のうち，冬季にどのくらいの個体が中南米に渡るのかを定量化し，気候や食物量の季節変化が鳥類の渡りを駆り立てる合理的な要因であるという仮説を提唱した（写真5）[7]。後に，繁殖のためにやってくる渡り鳥の種数は，気候や食物の季節変化が大きい高緯度地方のほうが低緯度地方よりも多いこと[8]，植物生産量や気温と強い関係があることなどが次々に明らかになった[9,10]。

　渡りを駆り立てるポイントは食物や気候である——この説明は，毎年決まった時期に渡るわけではない，高緯度地方の猛禽類や種子食の鳥類（アトリ類など）の移動もうまく説明できる（写真6）。彼らは気候の厳しい年や食物資源が少ないときだけ渡りを行うからだ。

　以上から，鳥類は生存や繁殖に有利な気温や食物を見返りとして渡るという説は，おおむね間違っていないだろう。

5　ユウガアジサシの群れ　アメリカ・カリフォルニア州（Sm）
北米で繁殖し，中南米で越冬する個体も多い

6　ツグミ，キレンジャク，ヒヨドリの群れ　2月 北海道（Sh）
ツグミやキレンジャクの渡来数は年変動が大きく，北海道では年によって1〜2月に大群が押し寄せる。この群れにはノハラツグミも2羽混じっているので探してみよう

渡りという現象の謎とき 01

7 アメリカコハクチョウ／コハクチョウの親子（右から3羽目）
3月 北海道（Sm）
ガン類やハクチョウ類は3月ごろまで家族で行動することが多い

8 トビ　7月 北海道（Sm）
日本でも北方の個体群は渡りを行う

③何を目印にして渡るのか？

　最後に、まだはっきりとはわかっていないことが多いものの、渡り鳥は何を頼りにして渡るのかを考えていきたい。

　まず渡り鳥は、❶脂肪蓄積量などの生理的要因、❷日長時間、❸風況、そして❹気圧に応じて「いつ渡りを始めるか」を決めているらしいことがわかっているが[11]、これについては次ページ以降で詳しく扱う。

　一方、渡りの方角や距離をどのように判断しているのかは、まだ完全には解き明かされてはいないが、大まかには遺伝的に決まっているらしいと考えられてきた。なぜなら、ガン類やツル類など親鳥が幼鳥を先導して渡る種類（写真7）はごくわずかで、あまりに多くの種類が生まれてから数か月後には単独で渡りを完遂するからだ。この仮説は長らく実証が進んでいなかったが、最近になって渡りをコントロールする遺伝子の特定が始まっている。例えば、ヨーロッパで繁殖するズグロムシクイでは

ADCYAP1という遺伝子座が一部の渡り行動と関連していることが明らかにされている[12]。渡りが遺伝的にプログラムされていることが常識になる日も近いのかもしれない。

　しかし、渡りの方角や目的地が大まかに遺伝的にプログラムされていても、それだけが頼りではないだろう。古典的に明らかにされているのは、渡り鳥は地球の磁気、あるいは太陽や星座の位置を用いて、ある程度は渡る方角を正しく定位しているらしいということだ。余談だが、ヨーロッパコマドリでは、磁気による定位能力が、人為由来の電磁波によって悪影響を受けているらしいことが明らかになっている[13]。由々しきことだ。

　さらに、渡り鳥は経験によっても渡りの時期やルートを修正できる能力がある。例えば、スペインとアフリカ大陸を行き来する1〜27歳のトビ92個体の春秋、合わせて364回の渡りを詳細に解析した結果、個体の渡りルートは、長い年月をかけて徐々に固定され、短期間

で渡りを終了できるようになることが明らかになった（写真8）[14]。このことは、渡り鳥が地形や気象現象といった渡りに最適な条件を、経験によって学習している可能性を示唆している。

外に出て、渡りに思いを馳せてみよう

　ここまでは、大まかに「鳥はなぜ渡るのか？」といった疑問に答えてきたが、わかっていないことはまだ多い。また渡りという事象は現在進行形で変わっていくものだ。すなわち、鳥たちが渡る理由にも変化があるかもしれない。例えば、オウチュウの仲間やオニカッコウ、カンムリカッコウなどは近年急速に日本での確認例が増えている。つまり、彼らの渡りが何らかの要因によって変化している可能性はあるのだ。バーダーの地道な観察によって「鳥はなぜ渡るか？」の問いに対する斬新な仮説が浮かび上がっても不思議ではない。ぜひ外に出て、渡りに思いを馳せてみてほしい。

鳥の渡りの不思議をひもとく　11

渡りという現象の謎とき

02

鳥はいつ，どうやって渡る？

渡りの方位や距離は，ある程度は遺伝的に決まっている。
それをサポートするため，渡り鳥は優れた定位能力をもっている。
ここでは，渡り鳥がいつ渡りを決断するのか，
そしてどんな渡り方をするのかを具体的に紹介しよう。

text●小田谷嘉弥

いつ渡るのか？

鳥にとって，繁殖と並んで大きなエネルギーを使うイベントが「渡り」と「換羽」だ。繁殖・渡り・換羽——これらは鳥にとって"繁忙期"にあたり，同時に2つ以上はできないので，鳥たちは最適な順番でこれらを行うように進化してきた。例えば，渡りながら換羽すれば，翼の推進力が失われ，渡りを完了できなくなるだろう。いつ渡るかは，ほかの生活史のイベントとの兼ね合いで進化的に決まっているのだ。一方，短期的には，鳥たちは自分のコンディションといった内的な要因だけでなく，天候などの外的な要因も加味していつ渡るか判断している。それぞれについて詳しく見てみよう。

①渡りをする時間

フクロウ類などの夜行性の鳥だけでなく，ツグミ類やムシクイ類などの昼行性の小鳥を含む，多くの鳥が主に夜間に渡りを行う。昼間に比べて大気の状態が安定していること，ナビゲーションのために星座を使えることなどが理由で

はないかと考えられている。一方，サシバのように上昇気流を使う鳥や，ツバメのように採食しながら渡る鳥は昼間に渡る。

②換羽と渡り

換羽が渡りのタイミングを大きく左右するのは，長距離の飛翔に重要な風切の換羽を行う繁殖後，つまり秋であることが多い。ここでは，秋の繁殖後のシギ科を例に，換羽と渡りについて考えてみよう。日本を含む北半球の中緯度地方で繁殖し，比較的短距離の渡りの後に越冬するシギ科の多くは，一部，または全部の風切を換羽してから渡る（表1左）。つまりこうした鳥にとって，換羽の進行具合が「いつ渡るか」を決めるカギだろう。一方，高緯度地方で繁殖し，越冬地まで長距離の渡りを行う種の

多くは，風切羽を換羽せずに渡る（写真1，表1右）。こうした種類は，繁殖地でもたもた換羽を進めるより，早く食物の豊富な越冬地に着いて，換羽を始めたほうが生き残りに有利なのかもしれない。

③渡りと脂肪蓄積

長距離を一気に渡る鳥では，渡り前に体内にため込んだ脂肪を使いながら渡りを行う。私たちが車で高速道路を長距離運転する前にガソリンを満タンにしておくのと似ている。

シギ・チドリ類では，渡り前の脂肪の蓄積が顕著に見られる。写真2のオオジシギは別個体だが，ともに幼鳥で，サイズに大きな差はない。8月に捕獲された個体に比べ，9月に捕獲された個体は，胸の叉骨の間や総排泄孔の周りに分厚

成鳥が初列風切を 換羽してから秋の渡りをする種	成鳥が初列風切を 換羽しないで秋の渡りをする種
ハマシギ タシギ ヤマシギ	キアシシギ トウネン キョウジョシギ チュウシャクシギ

表1 日本に渡来するシギ・チドリ類の渡りと換羽の順序

い脂肪の層ができ，外見からもぱんぱんに太っていることがわかる。このような一気に渡るタイプの鳥では，中継地でたくさんの食物が得られることが渡りの成功に不可欠だ。

一方，短距離を渡っては休みをくり返すタイプの鳥も多い。多くの小鳥類がそれにあたるが，このタイプの種では，シギ・チドリほど顕著な脂肪の蓄積はないことが多い。

④ 日長時間，風況，気圧と渡り

鳥の渡りで最も驚かされることの1つが，渡る時期の正確さだ。秋のジョウビタキや春のツバメの初認は，おおむねどの地域でも，年ごとのずれがわずか1週間程度のことが多い。鳥は，どのようにして毎年同じ時期に渡ることができるのだろうか？

多くの渡りをする小鳥類で，日長時間の変化が渡りのタイミングに影響することがわかっている。日が長くなると，ホルモンの働きで落ち着きがなくなり，食欲が旺盛になる。その結果，脂肪が蓄積され，体重が増加する。これは，さまざまに日長時間を調整して飼育した実験で明らかになった[*1]。

体の準備が整ったら，最後の引き金が風況や気圧だ。サシバの秋の渡り（写真3）は，神奈川県の武山での20年以上にわたる長期の観察から，9月下旬〜10月中旬の北東風が吹いた日がピークだとわかっている[*2]。武山の場合，この風向きはサシバの渡り方向に対して追い風となり，北方向に切り立った斜面に当たって上昇気流が起きやすい。また，このような風が吹くのは，低気圧の通過後に西から高気圧が進んできたタイミングで起こる。彼らは最適な気象条件が整ったときに出発すると判断し，そう行動するように遺伝的にプログラムされているのだろう。

1 オオハシシギ 8月 茨城県（Oy）
成鳥の群れでいずれも初列風切を複数枚換羽中。撮影地はこのシギの越冬地，または中継地で，到着直後から換羽を急速に進行させている

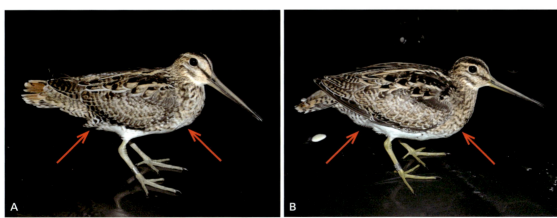

2 オオジシギ幼鳥（**A**：8月13日茨城県，体重147g，最大翼長168mm）（**B**：9月9日千葉県。体重257g，最大翼長163mm）（Oy）
羽の膨らませ方による見た目の変化を差し引いても，9月の個体のほうがずっと太って見える。体の大きさや翼長は9月の個体のほうが小さいが，体重は110ｇも重かった。本種は日本からオーストラリアまで太平洋上を横切る長距離の渡りをすると考えられており，そのために多量の脂肪を蓄積する

3 サシバの群れ　10月 沖縄県 (Sh)
上昇気流に乗って上昇する。ある程度の高度まで上昇した後，長距離を滑翔することで，エネルギー効率よく移動することができる

どのように渡るか？

渡りの目的地や方位は遺伝的に決まっており，長距離を一気に渡る鳥や，短距離を渡っては休みをくり返す鳥がいることは，脂肪蓄積との関連で述べた。では，彼らは渡りの時にどのくらいの高さを飛ぶのだろうか？

渡りのときに飛ぶ高度

鳥が渡りのときに非常に高い高度を飛ぶことは，ヒマラヤ山脈を越えて渡るアネハヅルやインドガンの追跡研究によって大きく注目された[3,4]。しかし，これらは大きな障壁を避けるための特殊ケースだ。ヨーロッパでのレーダーを使った調査では，多くの渡りは地上から1.5kmの高さまでで起こると考えられ，3km以上の高度で渡る鳥は少ない[5]。風の向きは同じ地点でも高度によって違うので，渡り鳥はよい風向きの高度を求めて上昇する。そのため，季節や渡る時間によって渡る高さは異なる[5]。

それでは，彼らは目的地まで1羽寂しく渡るのだろうか？ それとも仲間と一緒なのだろうか？ 調べてみると，どうやらいろいろなパターンがあるらしい。1つ1つ見ていこう。

①家族で渡る鳥

ツル，ガン，ハクチョウ類などの一部の大形の鳥は，越冬地でも家族群でいるのが観察されることから想像できるように，繁殖後の渡りは家族単位である。当然，幼鳥は親から渡りルートを学習していると想像される(写真4)。ただし，これらの鳥は多数の家族群からなる大きな群れで渡ることが多い。1家族だけで渡るケースはあまり知られていないが，コシジロアジサシなどでそれらしい観察例がある。

なお，この習性を利用して，一部の希少種の個体群の保全活動が行われている。例えば，日本のハクガンの渡来数を回復させるため，ハクガンの卵をマガンの巣の中に入れ，マガンと一緒に渡らせることで，個体数が一部で回復した事例がある。

②つがいで渡る鳥

秋に家族で南下してきた渡り鳥たちも，春の渡りでは家族関係を解消していることが多い。親にとって，子どもの存在は次の繁殖の妨げになることが多いからだ。そのため，ガン類やツル類は春の渡り時につがい単位で行動していることが多い。また，越冬地でつがい相手を見つけるカモ類も同様だ。ただし，これらの鳥は多数のつがいからなる群れで渡ることが多い。繁殖後につがい相手とのペアだけで渡る鳥は多くないと思われるが，日本でも高緯度で繁殖する猛禽類の冬鳥で，そう思わせるシーンにしばしば遭遇する。例えば，オオワシは越冬地でもつがいと思しき雌雄で行動していることがよくある(写真5)。

③異なる年齢ごとの群れで渡る鳥

シギ・チドリ類の多くがこのタ

渡りという現象の謎とき 02

4 成鳥2羽，幼鳥1羽の家族で行動するソデグロヅル
12月 千葉県（Oy）
この家族はここで観察される前に，北海道，宮城県，栃木県でも観察された。家族で一緒に南下してきたと推測される

5 つがいと考えられるオオワシ成鳥　1月 北海道（Sh）
海岸で採食する。雌のほうがひと回り大きい。右が雌で左が雄

イプの渡りである。例えばトウネンでは，幼鳥が巣立ってしばらくすると，先に雌が離れ，続いて雄も幼鳥には目もくれず，群れとなりさっさと南下してしまう。巣立った幼鳥は自力で採食し，やがて飛べるようになり，群れで渡りを開始する。春の渡りも同様で，繁殖に参加する個体が大群で北上する一方，繁殖に参加しない個体は越冬地に留まったり，成鳥よりものんびりと渡る。このような春の遅い時期における，非繁殖個体からなる群れの渡りは，シギ・チドリ類だけでなく，主に成熟まで長い期間を要する水鳥や海鳥（アビ類，カモメ類，海ガモ類）でも比較的多く見られる。また，春〜初夏に繁殖地の南半球から日本近海に大群で北上してくるハシボソ，ハイイロミズナギドリも，成鳥の群れの後に幼鳥の群れがやってくる。

④年齢に関わらず大きな群れで渡る鳥

少なくとも秋の渡り時期には，サギ類，猛禽類，それに多くの小鳥類をはじめとするさまざまな渡り鳥が，年齢とは無関係に群れになって渡っていると思われる。例えば，秋に渡り中継地で行われる標

6 ベニヒワの群れ　3月 北海道（Sh）
尾羽の形状や雨覆の換羽差に注目して観察すると，さまざまな年齢の個体で構成される群れで行動していることがわかる

識調査では，アオジやオオジュリンが成鳥と幼鳥両方同時に捕獲されることがよくある。また，年齢識別に長けたベテランのバーダーは，秋〜冬の野外観察でツグミ，マミチャジナイ，タヒバリ，ベニヒワなどの多くの種類の群れが，さまざまな年齢の個体から構成されることを知っている（写真6）。さらに，サシバやノスリなどでも，成鳥と幼鳥が混じった群れで渡るのを観察できる。これらの多くの鳥が，春の渡りも年齢とは関係ない群れで渡ると思われる。ただし，先述の年齢による渡り時期の違いは多くの渡り鳥で一般的なので，こうした中にも，年齢ごとに渡っている鳥がいる可能性はある。

⑤単独〜数羽で渡る鳥

越冬期になわばりをつくるモズ類などの小鳥類，チュウヒやハイイロチュウヒ，コチョウゲンボウやハヤブサなどのハヤブサ類，フクロウ類などはこのタイプの渡りが多い。例えばコミミズクは，晩秋〜初冬の日中に高空を渡ることがある。このほか，隠遁性が強いヨタカやクイナ類は単独で，カッコウ類や夜間に渡るキジバトやアオバトも単独か少数で渡る（→p.72）。また，シギ・チドリ類やガン・カモ類といった他種に混じって日本に迷行するタイプの迷鳥を除き，ほとんどの迷鳥は本来の渡りコースからはぐれ，単独か数羽で渡っていると想像される（→p.112）。

鳥の渡りの不思議をひもとく　15

渡りという現象の謎とき
03

鳥はどこを渡る？

「なぜ渡る」「いつ，どうやって渡る」と同じくらい関心の高い渡りの謎と言えば，「どこを渡る」だ。
しかし，自由に空を飛ぶ鳥を目でずっと追いかけるのは難しい。
それでも人は，いろいろな方法で渡り鳥を追いかけた。その方法を紹介する。

1 標識調査

text●小田谷嘉弥

伝統と実績の調査手法

近代的な「標識調査（バンディング）」とは，鳥に金属製の足環を装着して放鳥することで，鳥の移動や寿命を知るための調査だ。使用される足環にはシリアルナンバーが刻印されていて，標識された鳥が地球上のどこに飛んでいっても個体を識別できる（写真1）。足環のついた鳥が再び捕獲されたり，死体で見つかったりすれば，最初に標識されたときからどのくらい長く生き，どのくらい移動したかがわかる（写真2，図1）。

鳥の標識調査は，1899年にデンマークで初めて行われ，その後急速にヨーロッパとアメリカに広がった。日本では1924年が初の調査で，現在では環境省が（公財）山階鳥類研究所に委託して事業を行っている。毎年，国内でおよそ150,000羽の鳥が標識放鳥され，1,000羽前後の回収記録が得られている。標識調査は，安全に鳥を扱えるように訓練され，ライセンスを受けたおよそ450人のバンダー（環境省鳥類標識調査協力員）が主に実施している。

標識調査でわかること

金属足環の地点間の回収率は，スズメ目の小鳥で0.1％ほど，大形の鳥では20％を超えることもある。たとえ回収率が低くても，野外観察や標本の採集時期からしか予測できなかった鳥の渡り経路の多くは，この調査によって確実に明らかになってきた。例えば，1910年代に日本で初めてオオトウゾクカモメが発見された当初，この鳥は北半球に分布する新種と考えられていた。その後，形態を調べて南極で繁殖する個体群と同一とされたが，さらに1960年代に南極で雛のときに標識された個体が，北海道沖で回収されたことによって，移動が実際に確かめられている。

金属足環だけではなく，野外での目視や撮影で個体を識別する方法も開発されている。色のついたプラスチック製の足環の組み合わせや，番号が刻印された足に取り付けるカラーフラッグ，翼に取り付けるウィングタグなどの「カラーマーキング法」だ。ヨーロッパのオグロシギは，カラーマーキングの導入によって，再発見率が2.5％→80％に上昇した[*1]。日本が位置するアジア—オーストラリアフライウェイでも，多くのシギ・チドリ類にカラーフラッグが装着され，渡り経路の解明に成果を上げている（写真3）。

標識調査では，野外識別が難しい場合がある年齢と性別を判定し

1 ヤマシギに装着された環境省の金属足環（Oy）
「8A」と刻印されている数字は足環の内径のサイズを示すガイド番号と呼ばれるもの。
「29872」と刻印されているのが5ケタの足環番号で，これが99999番に達すると，ガイド番号が8B，8C…と変わり，同じ番号が出ない仕組みになっている

図1 サハリンで放鳥された亜種アオジ（写真2）の移動

2 亜種アオジ雄成鳥　11月 茨城県（Oy）
この個体は2014年9月にサハリン中部で幼羽で標識され、翌年11月に茨城県で回収された。亜種アオジの国外の繁殖分布は非常に限られ、どこに渡るのかもよくわかっていないので、東寄りの越冬地への移動を示唆する重要な回収例

3 カラーフラッグが装着されたミユビシギ（左端）　5月 茨城県（Oy）
刻印フラッグによって、オーストラリア南部で越冬していた個体であることがわかった

4 ヤマシギ第1回冬羽　12月 茨城県（Oy）
この個体は12月上旬に放鳥後、12月下旬と3月上旬に同所で再捕獲されている。この期間越冬地にとどまっていたと推測される

　て記録できるため、種内の渡り時期や越冬場所の変異の解明に向いている。また、鳥の体重や脂肪量の変化を記録すれば、どのような戦略で渡りをしているのかを考えることもできる。さらに再捕獲できれば、同じ場所への執着性や、どのくらいの期間滞在しているかなどのデータも得られる（写真4）。

　標識調査は長期間にわたって継続されているので、渡りルートの変化の情報が得られることも期待されている。衛星追跡などで緻密な移動の情報が直接得られるようになった現在においても、標識調査は重要な渡り研究の調査手法として続けられていくだろう。

2　アルゴスとデータロガー

text●西沢文吾

　標識調査で明らかにできる渡りは断片的で、特に長距離の渡りを連続的に追跡することは極めて難しい。近年、鳥の体に小型の記録計や発信機を装着するバイオロギングの技術が急速に進歩し（軽量化、省電力化、記録容量の増加）、渡り研究は飛躍的に進んだ。今日では10g程度のムシクイ類にまでこうした機器が装着できるようになり、さまざまな渡り鳥で渡りルートが解明されつつある。いくつかの事例を挙げつつ、主な追跡機器の特徴を紹介しよう。

衛星発信機

　動物に発信機を装着し、そこから出る電波を人工衛星でとらえて追跡する方法で、「アルゴス情報収集・測位システム（Argos Data Collection and Location System, 通常アルゴスシステム）」と呼ばれる受信システムを利用し、送信機（PTT: Platform Terminal Transmitter）から発せられる電波の周波数のズレを利用して位置を測定する。鳥に送信機さえ装着すれば、後はインターネットを通して1〜2時間後にはデータを受け取れ、記録間隔は最短で数時間程

図1 オジロワシ2個体の渡りルート
（Ueta et al. 1998をもとに作成）
● マーク地点で装着され，再び同所に戻ってくるまでの約1年間追跡した

❶ ソーラーパネル付きのアルゴス発信機を，ハーネスで装着したクロアシアホウドリ（Nb）

❷ アホウドリ成鳥　6月　北太平洋（Nb）
繁殖後は東北沖を北上しながら，ベーリング海へ向かう。なお，写真の個体には衛星発信機は装着されていない

度である。位置情報は精度によってクラス分けがあり，最高クラスで150m未満，最低クラスで1km以上となる。電源は内蔵電池とソーラー電池の2タイプがあり，後者なら複数年追跡可能。重さは最小5g程度で，ハーネスまたはテープで装着する（写真1）。

事例①

12月に北海道の渡島半島で発信機を装着した2羽のオジロワシは，2～3月に渡りを開始。北海道からサハリンを経由し，オホーツク海沿岸を時計まわりに移動して，5月には繁殖地のカムチャツカ半島に到着，そこに10月ごろまで滞在した。一方，秋の渡りルートは春とは異なり，カムチャツカ半島から千島列島に沿って南下し，12～1月には再び越冬地の北海道に戻ってきた（図1）。秋の渡り距離と日数（2,244km・57日）は，春（5,430km・84日）に比べてずっと短かった*2。こうした春と秋の渡りルートの違いには，季節による気象や食物条件の違いが関係していると考えられる。

事例②

伊豆諸島の鳥島で繁殖し，発信機を装着したアホウドリは，5月に鳥島を旅立ち，伊豆諸島伝いに北上した後，関東，東北，北海道太平洋沖の陸棚斜面※に沿って北上した（5～6月）（写真2）。その後，千島列島およびカムチャツカ半島東岸の沿岸域を通過して，7月にはアリューシャン列島周辺海域やベーリング海に到達，そこで10月ごろまでの非繁殖期を過ごした。一部の個体は上記と異なるルートをとり，千島列島やカムチャツカ半島東岸の沿岸域を通らずに，東北沖から外洋域を北東に進みアリューシャン列島まで移動した*3。陸棚斜面域は湧昇によって食物の動物プランクトンや魚類，頭足類が表層に集まりやすく，アホウドリはこうした海域を選択しながら渡っているのだろう。

GPSロガー

GPS（Global Positioning System：全地球測位システム）は，複数のGPS衛星からの電波を受信し，衛星からGPSロガーに組み込

まれている受信機までの距離を計算することで、位置を特定するもので、高い時間・空間解像度（1秒〜数分・10〜100 m以下）で記録ができる（写真3）。最小のロガーは1g程度。記録可能時間は、搭載するバッテリー容量と設定する記録間隔によって変わるが、数日から数週間程度の移動を記録するために用いられることが多い。

得られた位置データは内蔵メモリに蓄積されるので、再回収してデータをダウンロードする必要がある。しかし近年、データをアルゴスシステムや携帯電話回線を介して回収できるものや、近距離の無線通信（VHFやBluetooth）によって数km離れた場所からデータをダウンロードするものが利用できるようになってきた。こうした非回収型ロガーは、再捕獲が困難な場合には特に有効だ。まだ小鳥に装着できるほど小型ではないが、カモメ類、サギ類、猛禽類などでは利用が始まっている。

事例③

6〜7月に北アメリカの7つの異なる繁殖地で、ムラサキツバメに1.1gのGPSロガーをハーネスで装着、翌年、繁殖地でロガーを再回収した。解析すると、400〜2,300 km離れて繁殖した個体が、アマゾン川流域のある川の中州に共通のねぐらを取っていた。本種はこれまで、ジオロケータ（後述）によってアマゾン川流域の約800万km²の広大な範囲で越冬することがわかっていたが[*4]、GPSロガーによって具体的なねぐらの位置とその環境が特定され、さらに異なる繁殖個体群がねぐらを共有していることが明らかとなった[*5]。

3 GPSロガー（左2つ）とジオロケータ（右2つ）（Nb）

4 キョクアジサシ成鳥
7月 アラスカ・ノーム（Nb）

事例④

粟島（新潟県）で繁殖するオオミズナギドリの背中に、20gのGPSロガーを防水テープで装着し、帰巣時にロガーを再回収して、どこで採食しているか調べた。すべての個体が一旦巣を離れると数日間は戻らず、その70％以上が粟島から250km以内の海域で採食トリップ（繁殖地から海上に採食に出かけ、再び巣に戻るまで）を行っているのがわかった。津軽海峡を通り抜け、北海道の太平洋側沿岸で採食する場合もあり、その割合は雄のほうが高く、遠くは釧路沖まで達していた。この海域は良質の食物であるサンマが多いので、日本海での食物条件が悪いときや、雌より体が大きく、より多くのエネルギーを必要とする雄が主にやってくるのだろう[*6]。

ジオロケータ

この機器は長期間（1〜5年）の移動を追跡できる。定期的に照度を記録し、そこから日出没時刻を算出、日長時間から緯度を、真夜中の時刻と太陽の正中時刻から経度を推定する（写真3）。したがって、位置情報は1日に2点しか得られず、推定位置の誤差も平均186 km[*7]とGPSロガーやアルゴス発信機に比べてかなり粗いが、数千km以上の長距離移動の渡りを行う種には有効である。機器は最小のもので0.5gと小型なため、小鳥類の渡りの研究にも広く利用されている。装着したジオロケータは再回収し、内蔵メモリに記録されたデータを専用の通信ケーブルを用いてダウンロードする必要がある。体重数百g程度の中形の鳥には足環に、より小形の鳥にはハーネスで装着する。

事例⑤

北アメリカで繁殖する、体重わずか12gのズグロアメリカムシクイは、繁殖後に大西洋を3日間も飛び続けて約2,500km離れた越冬地である南アメリカまで渡っていた[*8]。

事例⑥

グリーンランドやアイスランドで繁殖するキョクアジサシ（写真4）は、大西洋のアフリカ沿岸、またはブラジル沖を南下して、南極海で越冬し、春には再び繁殖地に戻る。年間の総移動距離は最大81,600kmにもおよび[*9]、これは動物の中で最長の渡りとされている。

※水深の浅い大陸棚と深い外洋域の間にある海底傾斜が大きい場所

3 野外観察から推測する

text●梅垣佑介

渡りを楽しむ基本は野外観察

渡りを楽しむ原点は、何といっても野外観察だ。野外に出て、自分の目と耳で渡り鳥を観察することで得られる情報や感動は計りしれないものがある。1回きりの観察では渡りルートが推測できるようなデータは得られないことが多いが、いくつかの点に注意することで、ある程度は推測可能だ。そのポイントを紹介しよう。

飛んできた方角と飛んでいった方角に注目

岬、離島、峠、海岸などでは、今まさに渡っている鳥をしばしば観察できる（写真1）。そういった鳥を見かけたら、飛んできた方角と飛んでいった方角に注目しよう。春なら北や東に、秋なら南や西に向かって飛ぶ鳥が多いはずだ（場所によってはなぜか逆方向に渡る鳥もいる）。鳥は穏やかな追い風の日を選んで渡ることが多いため、そのときの風向や風速も、渡りの方角を知るヒントになる。

どちらへ飛んでいったかを観察したら、フィールドノートに記録し、後で地形図と照らし合わせてみよう。厳密なルートはわからなくても、こういうルートで渡っていくのではないかとだいたいの想像はできるはずだ。

個体識別や群れの特定による追跡的な観察

国内で数が少ない鳥は、しばしば個体識別が可能だ。同じ個体がどこで見つかっているかを時間を追って調べることで、移動のルートがわかることがある。

例えば、2009〜10年に沖縄県名護市で越冬したハイイロガン（写真2・図1）は、沖縄島を飛び立った後、奈良県、滋賀県、石川県で観察された。この移動経路から、琉球列島で越冬したガン類が太平洋を一気に北上し、本州中部を縦断して大陸へ向かうルートが示唆された。別の例として、鹿児島県出水市で少数が越冬するソデグロヅルやクロヅルは、同一の個体が長崎県諫早市や対馬市で観察されており、大陸からの移動ルートがわかる。

追跡的な観察が可能なのは迷鳥だけではない。例えば、ほぼ全身白いウミネコの白変個体が、同じ

1 海上を渡るサギ類（コサギ、チュウサギ、アマサギ）の混群
海上では思わぬ鳥が渡っているところに出くわすことがある　10月 沖縄県（Sh）

図1 2009〜10年の冬に観察されたハイイロガン（左から2羽目）とその移動経路。
2月10日の夕方を最後に沖縄県を飛び立ち、1日半後の12日には1,100km以上離れた奈良県で、翌13日には滋賀県で見つかった　2010年2月 滋賀県（撮影●川野紀夫）

シーズンに千葉県銚子市と三重県伊勢湾岸で見つかった例がある。この事例から，三重県の伊勢湾岸で越冬するカモメ類は，千葉県銚子市付近を経由して太平洋沿岸を南下すると考えられる。

また，タカの渡り観察の場合，群れの中での年齢や性別の構成を調べ，複数の地点間で照合することで，群れがどういうルートで移動したかを調べることも可能だ。

定点観察によるデータの蓄積

より間接的な方法として，定点観察の積み重ねによって，どの鳥がいつその地点を渡りルートにしているかを推測できる。

わかりやすい例がエゾビタキだ（写真3・図2）。本州本土の多くのバーダーは，秋に多いエゾビタキが春にはほとんど見られないことを知っている。これは，同種内での春秋の渡りルートの違いが定点観察の積み重ねによって推測可能になっている例だ。図鑑で分布図を見れば，春のエゾビタキは大陸を北上するのかもしれない——と，一歩踏み込んだ推測もできる。こういった定点観察を構造化したものが，ガン・カモ類調査やシギ・チドリ類の調査だ。これら調査の結果は，主催する団体や野鳥の会が公表していることが多い。

また，各地の探鳥記や旅行記によって明らかになる鳥類相は，どの種がどこまで渡るのか，どこを渡りルートにしているのかを教えてくれる。雑誌や支部報に掲載される探鳥記はもちろん，個人が更新するブログや，ツイッターなどのSNSに投稿される情報からも，どの鳥がいつどこを渡っているかを知るヒントが得られることがある。

野外観察と専門的な調査で補い合う

野外観察には限界もある。クイナ類やセンニュウ類など，日中に姿を見づらい鳥は，渡りを観察することが極めて難しい（写真4）。また，外見が酷似する鳥は同定が難しく，正確な渡りの動向を知ることが困難だ。

また，定点観察には別の落とし穴もある。それは「通年見られるからといって同じ個体がずっといるとは限らない」点だ。例えばイギリスのズグロムシクイは通年見られるが，標識調査の結果，冬にいるのはヨーロッパ大陸で繁殖した個体とわかった[*10]。日本でも，ヒヨドリ，ヒバリ，ウグイスといった「身近な留鳥」の中には，実は夏と冬とで個体の入れ替わりが起きている可能性がある。

渡りという不思議に満ちた行動を理解するうえで，野外観察は万能ではなく，カメラ，ビデオ，録音機器などのデジタル機器や，ここで紹介した標識調査や発信機・ジオロケータを用いた専門的な調査によって互いに補われる。専門的な調査と野外観察が相補的にはたらく例は，フラッグや足環の野外での読み取りが有名だ。近年は，カラフトムシクイのような最小クラスの鳥に装着された足環でも，野外で撮影されたデジタル写真から読み取れる時代である。

図2 2010～17年のGoogleの「エゾビタキ」（写真3）の検索状況
エゾビタキは秋に多くのブログやホームページに掲載されるため，検索する人が増える。検索状況からも，エゾビタキが秋に多く見られること，そしてそれを国内の多くのバーダーが知っていることがうかがえる　10月 愛知県（Ts）

4 クイナ　1月 奈良県（Uy）
繁殖期にはいない場所にも冬になると飛来することから，確実に渡りを行っていることがわかる

Column 2

渡りに関連した翼の形態あれこれ

text●小田谷嘉弥

翼の性能を決めるカタチ

鳥たちが渡る距離や一度に渡る距離は、翼の形によって制限されている。鳥の翼の性能は、アスペクト比と先端の形の2つの要素で大きく決まっている(**図1**)。「アスペクト比」とは、翼開長(翼を広げたときの先端間の長さ)を翼弦長(=翼角から次列風切先端までの長さ)で割った値だ(**図2**)。これが大きいほど細長い翼となり、滑空性能が高くなる。また、翼の先端がとがっているほど、気流の乱れを抑えることができ、早いスピードで飛ぶことができる。

翼式と翼の形

初列風切のうち、最も先端に位置する羽毛からの位置の順番を式で表したものを翼式という。最長の風切が外側に位置するほど、その鳥の翼はとがっているので、鳥の翼の形態を表現する重要な指標になる。例えば、国内に1年中とどまる留鳥、または短距離の渡り鳥であるウグイスと、カムチャッカ半島などから東南アジアまで長距離の渡りを行うオオムシクイの翼の形態を比較してみよう(**写真1**)。

オオムシクイの翼式はP8＞7＞6＞9＞5＞4＞3＞2＞1＞10となるのに対し、ウグイスはP6＞5≧7＞8＞4＞3＞9＞2＞1＞10となる。ウグイスは先端となる風切が中央にあることから、より丸い形状の翼であることがわかる。長くとがった翼は、長距離の渡りでエネルギーの効率がよく、短く丸い翼はあまり渡りを行わない種にとってやぶの中をすばやく動き回るのに有利だ。この2種の違いは極端な例だが、渡り距離に関係した翼式の違いは、多くの種の組み合わせで見られる。

欠刻

欠刻とは、初列風切の先端部に見られる凹みで、外弁と内弁にある(欠刻のない種もいる)。上記のオオムシクイとウグイスでは、それぞれP6-8とP5-8に明瞭な外弁欠刻がある(**写真1**)。外弁欠刻と内弁欠刻は、組み合わさることで、翼を開いたときにすき間ができ、それによって、翼端に生じる気流の乱れを解消し、失速を防ぐと考えられている。

近縁種や同種の個体群内でも、渡り距離によって翼式や欠刻のある風切の枚数、長さに違いが見られることがあり、例えばアカモズ上種では非常に重要な種の識別点となる。野外で観察するのは少々難しいが、いざというときのために、これらの見方を練習しておきたいものだ。

図1 アスペクト比(縦軸)と翼先端の形(横軸)から見たさまざまな鳥の翼の形態
羽ばたきと滑空を交えてゆっくり飛ぶマダラチュウヒ(左上)、グライダーのような翼で滑翔するクロアシアホウドリ(右上)、羽ばたき飛翔で素早く飛ぶコアジサシ(右下)、短い翼で波状飛行をするヒヨドリ(左下)

図2 翼のアスペクト比を決める翼開長(赤)と翼弦長(黄)
写真はカナダカモメ、またはアイスランドカモメとの中間個体

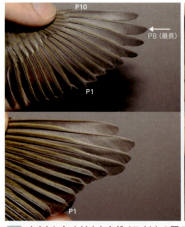

1 オオムシクイ(左)とウグイス(右)の翼の形状と翼式　10月 千葉県 (Oy)
初列風切の番号は、最も内側からP1、P2……と数える。オオムシクイはP10が小さく、初列雨覆とほぼ同じ長さなのに対し、ウグイスではずっと長く、これによっても翼の丸みが形作られている

ベニヒワ 3月 北海道（Sh）

第2章 日本周辺の鳥の渡りルート

日本の鳥の渡りは列島の南北移動だけ，と思ったら大間違い。実は日本の上空は多くの渡り鳥が行き交う，渡りの交差点だ。でも，なぜ鳥ごとに渡りルートが違うのか，そもそも日本の渡り鳥はどこから来て，どこへ行くのか，その謎をひもといてみよう。

ノビタキ雄冬羽 10月 三重県 (Ts)

日本の渡り鳥たちの

text● 先崎理之

渡り鳥は"地球"を舞台に壮大な旅を続ける。
渡るルートはおよそ決まっているが，決して広くない日本がそこに含まれていることは，
日本のバーダーにとって幸運だろう。
日本の渡り鳥がどこから来て，どこへ行くのか探る旅に出てみよう。

地球規模で広がる渡り鳥の「航路」

　鳥の渡りは世界中どこでも見られる現象だが，それぞれの渡り鳥がやみくもな方角に渡っているわけではない。"全球規模"という大きな空間スケールから鳥類の渡りルートを眺めると，地域ごとにある程度，類似した渡りルートがあることがわかる。例えば，アラスカ北部からカナダのツンドラ地帯で繁殖するシギ・チドリ類(例：ヒメハマシギ，ヒメウズラシギ，コモンシギ)は，北アメリカ大陸を縦断・南下し，アメリカ南部～南米大陸で越冬する(写真1)。一方，アラスカの対岸である，ユーラシア大陸東部のツンドラ地帯で繁殖するシギ・チドリ類(例：オバシギ，トウネン，オオソリハシシギ)はアメリカ大陸へは渡らず，日本を含む東アジア沿岸を経由して，東南アジア～オセアニアで越冬する(写真2)。このような，ある程度類似した渡りルートを「フライウェイ」と呼ぶ。

　現在のところ，世界規模で見た鳥類のフライウェイは，9つに区分するのが一般的だ(図1)。ただし，アラスカで繁殖しながらアフリカまで渡るハシグロヒタキ(写真3)や，極東で繁殖しながら同じくアフリカまで渡るキタヤナギムシクイのように，複数のフライウェイを利用したり，同所，あるいは隣接した地域間で繁殖する個体群であっても異なるフライウェイを利用する鳥もいる。

日本の渡り鳥のフライウェイ

　さて，9つのフライウェイのうち，日本で見られるほとんどの渡り鳥は「東アジア―オーストラリアフライウェイ」を利用している。このフライウェイは，大まかにユーラシア大陸東部で繁殖し，東南アジア～オセアニアで越冬する鳥(またはその逆)が利用するフライウェイだ。例えば，地域を代表する冬鳥であるオオハクチョウやナベ

① ヒメハマシギの群れ　7月 アメリカ・カリフォルニア州（Sm）
本種は北米極域で繁殖し，北米南西部から南米北部で越冬する。アジアでは迷鳥だ

ヅルは(写真4)，いずれもユーラシア大陸東部の高緯度地方で繁殖し，日本や朝鮮半島を含むユーラシア大陸東部の中緯度地方で越冬する。

　しかしながら，このフライウェイをさらに細かく見ると，多数の渡りルートでできていると見ることができる。特に島国である日本列島には，それぞれ異なる鳥相を示す渡りルートが多くある。先ほど挙げたオオハクチョウ，ナベヅル，それにオバシギを例に見てみよう。彼らは大まかにユーラシア大陸東部の高緯度地方で繁殖するが，オオハクチョウは，サハリンやオホーツク海方面から北海道に渡

"空の道" *Flyway*

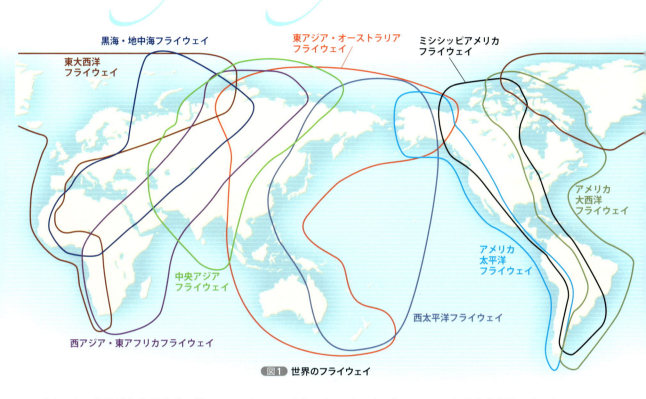

図1 世界のフライウェイ

来し，主に北海道と本州北部で越冬する。一方，ナベヅルは，朝鮮半島から九州にやってきて，主に鹿児島県出水地方で越冬する。さらに，オバシギは日本を通過してしまう。このように，異なる渡りルートの存在が，地域ごとに異なる鳥相を育んでいるとも言えるのだ。

本章では，「東アジアーオーストラリアフライウェイ」の中でも，北は北海道から南は南西諸島に至るまでの主要7つの渡りルートを紹介する。それぞれの渡りルートで，いつ，どのような種類の渡り鳥が見られるのか，さらに彼らがどこから来て，どこへ向かっているのかを解説しよう。ただし，どの渡り鳥がどの渡りルートを利用しているのか確実な証拠があるケースはまだ少ない。そのため，ここではどの種がどの渡りルートを主に利用しているのかを，私たちバードウォッチャーの観察状況から推測している場合もある点に注意してほしい。それではさっそく各ルートを見ていこう。

❷ オバシギ 9月 佐賀県（Sm）

❸ ハシグロヒタキ 8月 イギリス（Uy）

❹ ナベヅル 2月 鹿児島県（Sm）

日本周辺の鳥の渡りルート 25

日本のフライウェイ

Japanese Flyway
01

サハリン・千島と
北海道・本州・四国・

text● 先崎啓究

こ のルートは北海道，本州，四国，九州を縦断する。いわば国内の渡り
ルートの王道で，大陸に近い日本海の島沿いのルート（p.34-37）に
比べ，いわゆる普通種の割合が高いのが特徴だ。

このルートで渡る鳥たち

●ルートの概要［図1］

　このルートを利用する渡り鳥の
中でも，大形の水鳥であるガン・ハ
クチョウ類は，比較的詳細な渡り
ルートが解明されている。北日本
を中心に越冬するマガン（写真1），
ヒシクイ，オオハクチョウ，コハク
チョウは，そのほとんどが北海道
を経由して渡る。さらに道内でも
大きく分けて2つのルートを利用
することがわかっている（図1）。秋
季の南下を例にすると，1つ目は
サハリン方面から，道北のクッチ
ャロ湖や稚内大沼，サロベツ原野
に入り，宮島沼や石狩川流域とい
った石狩平野とウトナイ湖などの
胆振地方を経由するか，道北から
十勝平野を経由して，その後本州
へ南下するルートだ。これは亜種
オオヒシクイやマガン，コハクチ
ョウがメインで使う。

　2つ目は千島列島やオホーツク
海沿岸から，網走や十勝平野とい
った道東を経由して本州と結ぶル
ートで，オオハクチョウや亜種ヒ
シクイのほか，近年増加している
ハクガンやシジュウカラガンも主
にこのルートを使う。この2ルー
トで本州まで南下したガン・ハク
チョウ類は，その後，東北や北陸を
中心に西日本まで南下し，各地の

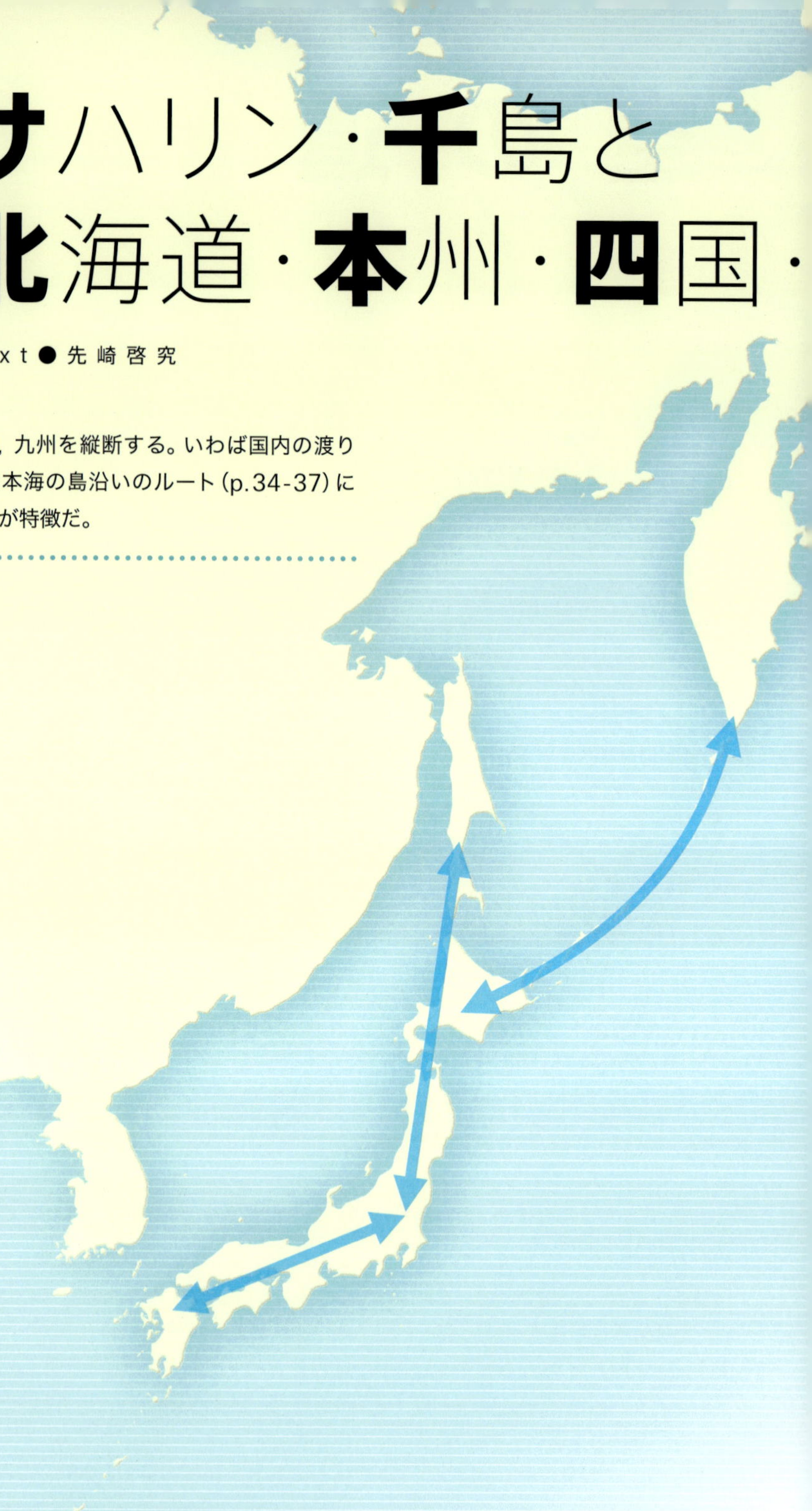

図1 ガン・カモ・ハクチョウ類を代表とし，さまざまな鳥
がこのルートを使用していると考えられている

湖沼や大きな河川の下流部などで
越冬する。

　各地で越冬したガン・カモ・ハク
チョウ類は早い地域だと2月ごろ
から北上に向けて動きだす。新潟

県や宮城県などで越冬していたガ
ン・ハクチョウ類は，秋田県の小友
沼や八郎潟が解氷する2月中〜下
旬に集結し，雪解けに合わせて北
海道へ渡りを開始する。これらは

九州を結ぶルート

① 丘陵沿いを北上するマガン　4月 北海道（Sh）
北日本では春と秋によく目にする光景

そのまま太平洋を渡って苫小牧市やむかわ町付近にかけての日高地方へ上陸し，秋季とは逆のコースで石狩地方と十勝地方へと分散する。また，カモ類では東北地方や北海道で，大規模なオナガガモやヒドリガモの北上群が見られるが，これまで詳細な渡りルートは知られていなかった。しかし，西日本や関東地方の越冬地で発信器が装着されたオナガガモとヒドリガモは，東北地方を経由して北海道入りした後，ガン・ハクチョウ類と同じように，道内の2ルートを使ってカムチャツカやユーラシア大陸へと渡っていくことがわかってきた。衛星追跡のデータはないが，標識回収で大陸北部との行き来が確認されているコガモやヨシガモ，ハシビロガモなども，同様のルートを使用することが推察される。

● ノスリの移動

一方，猛禽類も水鳥と同様に指標になることがある。国内のタカ類の中でも，トビに次いで身近なノスリ（写真❷）の場合，秋季の南下，春季の北上の季節に各地でカウントされた渡り個体数の変動から，渡りの「前線」を感じ取れる。

例えば室蘭市（北海道）では，10月中旬に最も多くのノスリが南下し，その数は最大で1日1,000羽以上にもなる。その後，この波は徐々に南下，龍飛崎（青森県）で10月中～下旬にピークとなる。その先は途中で越冬するためか，各地の観察個体数は減っていくものの，10月中旬～下旬にかけて白樺峠（長野県），金華山（岐阜県）を通過し，11月上旬には伊良湖岬（愛知県）や岩間山（滋賀県），11月下旬には鳴門山（徳島県）や佐多岬（愛媛県），風師山（福岡県）に達する。一方，春の渡りは3月から始まり，西日本ほど早く渡りはじめる傾向がある。西日本で越冬する一部のノスリは西へ進むことも知られているが，多くのノスリは日本列島を北上するのだろう。途中，繁殖個体が多い東北地方で渡りをやめる個体もいるが，龍飛岬（青森県）では3月下旬～5月上旬にかけて，何と10,000羽が北を目指して渡っていく。さらに道内で繁殖しない個体は北上を続け，5月上旬までには宗谷岬からサハリンへ渡る。

❷ ノスリ
10月 北海道（Sh）
室蘭市や龍飛岬では，1日に1,000羽ほど観察される日もある

日本周辺の鳥の渡りルート

● マダラチュウヒの移動［図2］

　ノスリの場合，個体数の動きから渡りの状況を知ることができた。ここでもう1つ，マダラチュウヒの珍しいケースを紹介する。羽色が特徴的だったため，各地で発見された点と点が線となった稀有な例だ。その個体は2012年8月に北広島市（北海道）で見つかった（写真3）。初認の8月14日の時点で，風切や体羽に幼羽を残す2年目の雄だった。日中は付近の草地で採食し，夕方にはチュウヒの集団ねぐらとなっている草地の片隅にねぐら入りする生活を送り，1か月ほどで多くの体羽と数枚の風切を換羽させた。その後，9月14日か15日に姿を消したこの個体は，10日後の9月24日に四国中央市（愛媛県）の翠波峰で目撃された。撮影画像を見ると，風切に残った数枚の幼羽の位置が完全に一致したため，北海道の個体と同一と考えられた。さらに偶然は続き，10月7日には南さつま市（鹿児島県）でもこの個体が目撃されたことが観察者のブログ掲載画像から判明。わずか40cmほどのマダラチュウヒが，1か月弱であっという間に国内を縦断してしまうとは，そのスピードに驚かされた（図2）。

● ツグミ前線のイメージ［図3］

　ガン・ハクチョウ類やタカ類は，大形で観察しやすく，注目されがちだが，大形種が利用する渡りルートは，多くの小鳥類も使っていると考えられる。例えば，国内でメジャーな冬鳥のツグミ（写真4）は，北海道北部では早くも毎年9月下旬に初認される。その後10月上旬には道央で確認され，10月下旬〜11月に関東地方や中部地方，九州などで渡来の便りが届きはじめる（図3）。ツグミの渡りは主に寒波や積雪による食

3 マダラチュウヒ　9月 北海道（Sh）
外側初列風切や次列風切に幼羽が数枚残り，この模様が後の個体識別で有効となった

8月13日〜9月14〜15日
北海道北広島市

10月7日
鹿児島県南さつま市

9月24日
愛媛県四国中央市

図2　マダラチュウヒの移動経路

9月下旬〜10月初旬

10月初旬〜中旬

10月中旬〜下旬

11月中旬

図3　ツグミ前線のイメージ

物の減少によって越冬期の12〜2月にもたびたび起こり、より温暖で食物が豊富な地域へと小規模な渡りをすることがあるようだ。実際に北海道などの北日本では、1月下旬になると一度減ったツグミが街路樹に結実した果実類に多く集まり、実がなくなるとあっという間に見られなくなってしまう。その後、北日本で再びツグミが多く見られるのは4月下旬〜5月上旬の北上の季節で、渡りコース付近にある草地では数百〜千羽ほどの群れが見られることもある。

○ツグミと同じルートで渡る小鳥

同ルートでは、アトリやマヒワなどもツグミと同じように移動することが目視観察から推測される。

渡りを実感するには

渡りと聞けば、危険を顧みず大海原へ飛び出すヒヨドリや、群れをなして目的地へと急ぐ猛禽類やガン・ハクチョウ類といった派手な渡りを想像しがちだが、庭の餌台にその日だけ訪れたミヤマホオジロや、街路樹に数日間滞在したヒレンジャクなど、地味ながら意外と身近に感じられる渡りの記録も多い。ただ、それらを「渡り」と実感するには、フィールドを定め、継続して記録や観察をすることが不可欠だ。森林が多い公園、開けた河川敷近くの草地、丘陵沿いの耕作地など、渡り鳥が利用しやすい身近なフィールドを開拓し、根気よく観察を積み重ねていけば、その場所や地域におけるさまざまな渡りの傾向や意外な種類の発見があることも珍しくない。

継続的な観察から鳥の渡りを知るほかに、筆者が特におすすめしたい方法は夜間、渡る鳥の声を聞

また、北海道内やそれ以北で繁殖するアオジやオオジュリン、ノゴマ、ウグイス、キジバト、エゾムシクイ、コサメビタキ、ツツドリなどくことだ（→p.78-85）。特に晩夏〜初冬の秋の渡り時期がおすすめで、風が弱いなどの条件にもよるが、各地でさまざまな渡る鳥の声を聞くことができる。海岸沿いや丘陵沿い、岬など日中に渡り鳥が多い場所では、想像を絶する数の鳥の声を聞くことができる。さらに条件さえ整えば、札幌や東京、大阪、名古屋といった大都市でも夜間に声を聞くことができるだろう。

8〜9月はサメビタキ類やキビタキなどが多く、10〜12月はツグミ、シロハラ、マミチャジナイなどの大形ツグミ類がよく聞こえる。特に北日本における大形ツグミ類の夜間の渡りは規模が大きく、数時間、空からひっきりなしに地鳴きが聞こえる日もある。このような日を喜ぶのはバーダーだけではな

も、標識の回収例や各地の観察状況などからこのルートを使っていることが考えられる。

4 ツグミ　5月 北海道（Sh）
5月上旬の北海道の日本海側では、このような大規模なツグミの群れがよく見られる

5 マミチャジナイを捕えたコミミズク　10月 北海道（Sh）
夜の渡りを観察していると思わぬ光景に巡り合うことがある

いようで、コミミズクなどの夜行性の猛禽類の狩りを見ることもある（写真5）。

道央では、8月に内陸部でアカエリヒレアシシギの群れが毎年通過し、9月にはコサメビタキ、10月を過ぎれば大形ツグミ類のほかにマガンやコハクチョウなどの渡りを観察できることもある。このような、日中とは違った渡りの観察も夜間の楽しみであろう。自分のフィールドでは夜間に何が「聞こえる」のか、ぜひ探ってみよう。

日本のフライウェイ
Japanese Flyway

02 | 朝鮮半島と九州・南西諸島を

text● 高木慎介

　このルートは秋のサシバ・アカハラダカの渡りや，出水（鹿児島県）のツルの渡りなどで知られる。本稿では朝鮮半島と九州を結ぶルート，南西諸島沿いに移動するルートを紹介しよう。ちなみに後者は，渡りに不利な状況になればすぐに休息地（島）に降りることが可能なので，日本で繁殖する多くの夏鳥が利用しているように思われがちだが，どうもそういう訳ではなさそうだ（→p.46, 47）。

このルートで渡る鳥たち

●朝鮮半島と九州を結ぶルート
　［図-①緑］

　国内で越冬する渡り鳥たちにとって，大陸と日本を結ぶ主要なルートの1つと思われる。特に西日本で多く越冬する傾向があるクロツラヘラサギやツクシガモ，ズグロカモメ，ヒレンジャク，シロハラ，ツリスガラなどはこのルートを使用しているものが多いだろう（写真1）。また，対馬（長崎県）で渡り時期に記録される鳥は，このルートを使っている鳥か，あるいは中国東部と海を隔てて朝鮮半島南部を直接結ぶルートを使う鳥だろうと考えられる。

　出水のツルがこのルートを使うことは有名だ。ツルは大形なので観察しやすく，出水と朝鮮半島を行き来する際に，九州西部や壱岐・対馬の上空を通過する様子や，あるいはこれらの地に降りて休息する様子が観察されている。この経路はマナヅルの衛星追跡によっても確認されている*1。

　同じように渡りを観察しやすいタカでは，ハイタカが春秋にこのルートを使うことが知られている。

① **ツリスガラ雌**　4月 佐賀県（Ts）
九州北部では，真冬よりも春のほうがツリスガラを見かける機会が増える。西日本で越冬した個体が北上する際に通過しているものと思われる

　秋に朝鮮半島から九州へ渡ったハイタカは日本を東進し，北海道から南下・西進してきたハイタカと交差する地域もある。春はその逆で，朝鮮半島へ渡るものは日本を西進して九州方面へ向かい，逆に北海道へ渡るものは日本を東進・北上する*2。ただし，ハイタカは今のところ，衛星追跡などで個体の移動経路を詳細に解明できた事例はなく，秋に朝鮮半島から九州へ来た個体が，春に同ルートで朝鮮半島に向かうかはわからない。あるいは一筆書きのように，秋に朝鮮半島から九州

結ぶルート

① 朝鮮半島と九州を結ぶルート（緑）
実際には朝鮮半島と山陰地方を行き来する鳥もいるが，ここではそれらも本ルートに含める

③ 九州を中継地として朝鮮半島と南西諸島を結ぶルート（黒）
日本で数少ない旅鳥，稀な旅鳥とされるいくつかの渡り鳥でこのルートを使うものがいる

② 南西諸島沿いに移動するルート（青）
後述する九州近辺と大陸を直接結ぶルートのように，トカラ列島以南においても大陸から直接飛んできて合流したり，分かれて大陸のほうに直接飛んでいくケースやフィリピン方面と行き来するケースもあると考えられるので，実際にはもっと複雑だろう

図 朝鮮半島と九州・南西諸島を結ぶルートの概要

日本周辺の鳥の渡りルート　31

へ渡り，春は北海道から大陸へ向かったり，その逆の経路を使う個体がいる可能性もある。

興味深いことに，同じタカの春の渡りで，ハチクマは中国大陸を北上し，その後朝鮮半島を南下して，海を越えて九州を渡ることが知られており，衛星追跡でもその軌跡が確認されている[1]。また，サシバのうちフィリピン周辺で越冬するものは台湾を経由して大陸へと渡り，前述のハチクマと同じルートで九州へ至ることが示唆されている[3,4]。ルート上の対馬では，春に南下するハチクマやサシバを観察することができる。春に同じルートを使う小鳥などもいるかもしれない。

●南西諸島沿いに移動するルート [図-②青]

南西諸島で繁殖する渡り鳥や逆に越冬する鳥のほか，本土で繁殖し，中国南部や東南アジアで越冬する鳥の中に，このルートを使う鳥もいると思われる。その中で最も渡りを観察しやすいのはサシバだろう。サシバは秋に本州から九州を経て，南西諸島を島伝いに南下する個体が多数観察される。春はその逆向きのルートで北上するものが見られるが，秋と比べて大規模な渡りが見られることは少ない（南西諸島では比較的大規模な渡りが見られることもある）。本州で繁殖し，南西諸島で越冬したサシバが春秋ともにこのルートを使っていることは，衛星追跡でも確認されている[4]。

小鳥だと，例えば本土で夏鳥として親しまれているツバメは，南西諸島では主に旅鳥として通過する。また，エゾビタキも秋にこのルート上で多く見られる。コムクドリは春秋に南西諸島を多く通過す

②　アカヒゲ雄　5月　平島（鹿児島県）（Ts）
渡る個体群がいる亜種アカヒゲは，渡らない亜種ホントウアカヒゲと比べて初列風切の突出が大きい（＝渡りに適した長い翼をもつ）

ることが知られているが，近年，ジオロケータを装着した調査から，春秋の渡りでこのルートを使うことが証明された[5]。一風変わったところでは，アカヒゲのうち，男女群島とトカラ列島で繁殖する個体群と，奄美群島で繁殖する一部の個体はこれらの島に夏鳥として渡来しており，先島諸島で越冬する（写真2）[6]。つまり，南西諸島という極めて狭いエリアの中で渡りをするものがいるのだ。

水鳥だとアマサギ，ダイサギ，チュウサギ，コサギなどは，南西諸島のフェリー航路で渡り途中の個体を観察することがしばしばある。

●2つのルートを併せて使う [図-③黒]

九州を中継地として通過する鳥では，ここで挙げた2ルートを併せて使うものもいる。例えばアカハラダカは秋に朝鮮半島から対馬を経て，九州西岸を通り，南西諸島を島伝いに南下していく個体が多数観察される。一方，春の渡りは南西諸島などで見られているものの，数は少ない。春の渡りは中国を北上して朝鮮半島に至るのが主なルートなのかもしれない。

クロツラヘラサギはカラーリングや衛星追跡により，沖縄島で越冬したものが九州を経由して，朝鮮半島の繁殖地と行き来をすることが知られている[7]（写真3）。北上の際，条件がよければ沖縄島から九州まで一気に飛んでいくが，条件が悪いと途中の島々で休息するようだ。

そのほかにも本土の多くの地域で「数少ない旅鳥」や「稀な旅鳥」とされるような鳥でこのルートを通って渡りをしていると考えられるものがいくつかある。例えばツメナガセキレイ，マミジロタヒバリ，ムネアカタヒバリなどは多くの個体が春秋にこのルート上で見られる。また，ヤツガシラ，ホオジロハクセキレイ，タイワンハクセキレイ，ギンムクドリも春にこの

ルート上で見られることが多く、上記のうち、タイワンハクセキレイ以外は渡り時期が3月頭ごろからと早く、南西諸島では春の訪れを告げる風物詩的な存在だ。水鳥ではアカガシラサギが春秋に見られるが春のほうが多く、オオチドリやコシャクシギも春に低くない頻度で見られる。秋の渡りでハリオシギが他地域よりも多く見られる点も特徴的だろう。

❸ **足環のついたクロツラヘラサギ** 2月 沖縄島（Ts）
足環に番号があり、個体識別ができる。この個体はJ08で、繁殖地の朝鮮半島から越冬地の沖縄島南部に向かう際に、九州本土を経由していた

渡りを実感するには

今まさに渡りをしている――という通過中の鳥を見て渡りを実感したいなら、やはりツルや猛禽類の渡りを見るのがよい。ツルは1月下旬ごろから始まる「北帰行」を狙うと、たくさん見ることができる。2月中旬〜3月は特に数が多く、よく晴れた風の弱い日がベストだ。鹿児島県の出水では、ツル飛来地の北西に位置する長島の行人岳が観察地として有名だが、熊本県の天草地方や、長崎県本土の西側地域、壱岐、対馬などでも観察できる。筆者は西彼杵半島（長崎県）で観光中、突然上空からツルの声が聞こえたので驚いて空を見上げたら、30羽ほどのナベヅルが北上していく姿を見たことがある。こうした予期せぬ出会いはうれしいものだ。一方、猛禽類の渡りは各地に観察スポットがあり、その種のベストシーズンに条件のよい天候であれば多くの鳥を観察できる。

春のオオチドリやコシャクシギの渡りを"当てる"のもおもしろい。両種ともに春はかなり急いでいるらしく、タッチアンドゴーで中継地を通過する傾向がある。特にオオチドリは与那国島（沖縄県）のように、レギュラーで出現する場所もあるが、多くの場合は悪天候時に一時避難として降り、少しでも状況が好転するとさっさと北上することが多い（写真4）。コシャクシギはその傾向がオオチドリよりもゆるやかで、好天でも降りてくることがある。両種ともに年によって当たり外れがあり、南西諸島で多く見られた年は九州（および西日本）でも多く見られる傾向がある。南西諸島の情報を収集し、多く見られている年の通過時期で悪天候のときに九州の東シナ海側の草地、畑などをチェックすると発見の可能性が高く、群れを見つけたときの感動はひとしおだ。なお、オオチドリは3月下旬〜4月上旬、コシャクシギは4月中旬〜5月上旬に通過することが多い。

❹ **オオチドリ雄** 4月 鹿児島県（Ts）
3月下旬〜4月上旬の荒れた天気の日が狙い目。本種はかなり北上を急いでいるらしく、まだ上空に暗雲が立ち込めているにもかかわらず、雨が止んだだけですぐに飛び去ってしまうこともある

日本のフライウェイ
Japanese Flyway
03 日本海の離島を結ぶルート

text ● 梅垣佑介

図1 **想定される夏鳥の主なルート図**
日本海を横断する（a）ルートのみをとる種と，あわせて日本縦断ルートもとる（a）+（b）ルートの種の2タイプがあると推測される

図2 **想定される冬鳥の主なルート**
日本海を横断する（c）ルートのみをとる種と，あわせて日本縦断ルートもとる（c）+（d）ルートの種の2タイプがあると推測される

極東地域に分布する多くの鳥たちにとって、渡りの本流は大陸の沿岸部だ。日本海の離島は、その本流に最も近い「飛び地的陸地」という地理的な要因から、春と秋に数多くの渡り鳥が羽を休める。有名なのは対馬（長崎県）、見島（山口県）、舳倉島（石川県）、粟島（新潟県）、飛島（山形県）、天売島（北海道）などだ。運よく渡りのタイミングと合えば、島中に渡り鳥がいる光景も夢ではない。しかし、離島で見られる渡り鳥たちがどこから来て、どこへ向かうのか実はよくわかっていない。ここでは、日本本土と大陸沿岸部の分布状況から推測される渡りルートについて述べる。

このルートで渡る鳥たち

●夏鳥の想定される主なルート［図1］

離島を利用する各種の渡りルートはまだ十分に解明されておらず、同種内でもさまざまなバリエーションがあると考えられるが、春に離島に飛来する夏鳥には大陸から飛来していると思われるものが多い。例えばコマドリ（写真1）は、日本とサハリン南部で繁殖するが、春には韓国南西・南東岸で普通に見られる。分布図を見れば、朝鮮半島から東〜北東の方角へ飛んで日本海を横断して渡ってくると推測できる〔図1(a)〕。コマドリは春には日本本土でも多く見ることができるため、日本海を横断するルートに加え、日本列島を北上するルート〔図1(b)〕もとると考えられる。このような2つのルートをとると考えられる鳥は多く、カッコウ類4種、ヨタ

1 春に(a)+(b)ルートで渡るコマドリ
4月 大阪府 (Uy)

2 春に(a)ルートで渡るシマセンニュウ
7月 北海道 (Sm)

カ、アマツバメ、サンショウクイ、ヤブサメ、オオムシクイ、エゾムシクイ、センダイムシクイ、オオヨシキリ、コヨシキリ、マミジロ、クロツグミ、コマドリ、コルリ、サメビタキ、コサメビタキ、キビタキ、オオルリなどがある。一方、春に本土での確認が少ないチゴモズ、シマセンニュウ（写真2）、ノゴマ、ノジコ、シマアオジなどは、主に(a)ルートで大陸から日本海を横断して離島に飛来し、その後、本土の繁殖地に入ると考えられる。反対に、本土で多いが離島では少ないサンコウチョウ、アカハラ、メボソムシクイなどは、主に日本本土を北上しているのかもしれない。

秋に日本海の離島に立ち寄る夏鳥は、春と比べると限られる。これは、その年に生まれた幼鳥の多くが、海上を長距離渡るリスクを避け、本土を南下していくからかもしれない。しかし、オオムシクイ、コヨシキリ、シマセンニュウ、コサメビタキなどは秋にも多く通過し、華やかな春の渡りとはまた違った雰囲気の渡りを演出する。

●冬鳥の想定される主なルート［図2］

秋が深まると、夏鳥や旅鳥に代わり、冬鳥が離島を彩る。離島で見られる冬鳥は、ロシア南東部から日本海を横断し、離島を経由して日本本土に飛来するルート〔図2(c)〕をとる鳥と〔ナベヅル、マナヅル（写真3）に代表されるツル類、ジョウビタキ、ミヤマホオジロなど〕、日本列島を南下するルート〔図2(d)〕の2ルートがある鳥〔シロハラ（写真4）、ツグミ、タヒバリ、アトリ、ハギマシコ、オオマシコ、

3 (c)ルートのマナヅル
2月 鹿児島県 (Uy)

4 (c)+(d)ルートのシロハラ
1月 鹿児島県 (Uy)

マヒワ、ベニヒワ、イスカ、シメ、カシラダカなど〕に大別されるようだ。秋の冬鳥たちの多くも、大陸から日本海を越えて離島に飛来すると考えられる。これら冬鳥の多くが、春に大陸の繁殖地へと向かう途中、日本海の離島で再び羽を休める。

図3 旅鳥の想定される主なルート
中国北東部やロシア南東部で繁殖する鳥は，日本海の離島に立ち寄っても大きな距離のロスはない

● 旅鳥の想定される主なルート［図3］

　大陸へ向かう鳥で春に日本海の離島に立ち寄るもののうち，わかりやすいのは中国北東部やロシア南東部で繁殖する鳥だ。これらは渡り途中に日本海の離島に立ち寄ったとしても，大きな距離のロスはないからである。例えばアカハラダカ，アカアシチョウゲンボウ，コウライウグイス，ムジセッカ，カラフトムジセッカ，カラフトムシクイ，ヤナギムシクイ，アムールムシクイ，チョウセンメジロ，シベリアムクドリ，カラアカハラ，マミチャジナイ，シマゴマ，ヒメイソヒヨ（写真5），エゾビタキ，ムギマキ，マミジロキビタキ，オジロビタキ，マミジロツメナガセキレイ，コマミジロタヒバリ，ヨーロッパビンズイ，アカマシコ（写真6），シロハラホオジロ，キマユホオジロ，コホオアカ，シマノジコなどが当てはまる。シベリアセンニュウやハシブトオオヨシキリの記録はまだ少ないが，潜行性の強い鳥なので多くが見落とされているだろう。これら旅鳥の多くは，大陸（朝鮮半島付近）から北東〜東方向に飛んで離島に立ち寄ったのち，北西〜北方向に飛んで大陸（ロシア南東部付近）に再び戻ると考えられる（図3）。

　一方，ヤマショウビンやオウチュウのように，繁殖地を飛び越えて渡り（＝オーバーシューティング），日本海の離島で定期的に記録される鳥もいる。

　春に日本海の離島に立ち寄る旅鳥の中には，秋に大陸沿岸部を南下するものが多いようだ。ただし，ムジセッカ，カラフトムジセッカ，カラフトムシクイ，チョウセンメジロ，マミチャジナイ，エゾビタキ，マミジロツメナガセキレイ，ヨーロッパビンズイ，アカマシコ，コホオアカなどは秋にもよく見られる。また，マミチャジナイやエゾビタキは離島だけでなく本土を通る数も多い。ヤマヒバリ，セジロタヒバリ，キタヤナギムシクイは春よりも秋に多い。

5 旅鳥として離島に飛来するヒメイソヒヨ　5月 北海道　撮影 ● 先崎愛子

6 アカマシコ　9月 舳倉島（石川県）（Uy）

03 日本海の離島を結ぶルート

●迷鳥が飛来するルート

ユーラシア大陸の西部や東南アジアに分布する鳥の場合、春は繁殖地へのルートを飛びすぎ、また秋は渡り方角を間違え、日本海まで来てしまうことがある。日本海を越えているとき、ようやく見えた陸地である離島に降りるパターンが多いと推測できる。これに当てはまるのは、ユーラシア大陸西部の鳥だとコシジロイソヒヨドリ、スゲヨシキリ、ノドジロムシクイ（写真7）、ムナフヒタキ、マダラヒタキ、東南アジアの鳥ではカンムリカッコウ、ハイイロオウチュウ、カンムリオウチュウ、ヤマザキヒタキなどだ。

また、ユーラシア大陸中・東部からの迷鳥の場合、主に南北方向に中〜長距離の渡りをする種が、何らかの要因で東側に大回りし、日本海を越えることがあるようだ。これに当てはまるのは、ヒメウタイムシクイ、イナダヨシキリ、ヤブヨシキリ、イワバホオジロ、それに2017年5月に飛島（山形県）で初記録されたムナグロノゴマなどだ。

一方、北米大陸からの迷鳥は多くない。ユーラシア大陸側から見て日本海を渡る場合、初めに見る陸地が日本海の離島なのに対し、ベーリング海を越えて北米大陸から渡る場合、初めに見えるカムチャツカ半島やサハリン、北海道、本州北部に降りる鳥が多いためと考えられる。実際、日本で記録のあるアメリカムシクイ類3種のうち、キヅタアメリカムシクイとカオグロアメリカムシクイの記録地が太平洋側なのは偶然ではないだろう。しかし、北米大陸からの迷鳥の一部は日本海を移動するようで、秋にハイイロチャツグミ、ウィルソンアメリカムシクイなどの記録がある。また、東アジアで越冬したと思われる北米の鳥が、春に離島で見つかることもあり、キガシラシトドなどの新大陸産ホオジロ類が稀に記録される。2007年5月には、見島（山口県）で日本初記録のウタスズメが見つかった。

⑦ **ノドジロムシクイ** 8月 イギリス（Uy）

●離島間の関係

離島に立ち寄る渡り鳥の中には、離島を飛び石的に渡ることがあるとしてもおかしくない。例として、2012年5月25日に舳倉島（石川県）上空を2羽のインドガン（写真8）が通過、その直後に同一と思われる2羽が佐渡島（新潟県）に現れて越夏した。これは繁殖に参加しないガン類の漂行例だが、離島からほかの離島へ移動する可能性を示すものだ。

離島間を行き来したわけではないが、同種の鳥が異なる島でほぼ同時に見つかることもある。2012年5月、キバラムシクイが15日に飛島（山形県）で、16日に舳倉島で見つかった（飛島の個体は16日にもいたため、両者は別個体）。また、ヒメイソヒヨやマミジロキビタキなどの出現状況は舳倉島、飛島、天売島（北海道）などで類似しており、いずれかの島で多い年には、ほかの島でも多く見つかることが多い。これらの出現状況の重なりは、島同士の行き来ではなくとも、同じ渡りル

⑧ **インドガン** 7月 佐渡島（新潟県）（Uy）
佐渡島で越夏した2羽のインドガン。直前に同一と思われる2羽が舳倉島上空で見られている

ート上にそれぞれの島が位置することを示している。

渡りを実感するには

離島は渡りを実感するのに最も適した環境だ。離島や周囲の海上では、今まさに渡っている鳥たちを見ることがある。海上を渡るハクチョウ類やサギ類といった大形の水鳥は目につきやすいし、時には猛禽類やヨタカ、メジロなどの小鳥類が渡っていくのを見ることもある。また、今まさに渡ってきた鳥が猛スピードで急降下してくるところを目撃したり、反対に意を決したように島から飛び上がってそのまま帰ってこない鳥を見たりすることもある。

飛んできた・飛んでいった方角と合わせて意識したいのが天候、特に風向きだ。鳥はふつう渡りに有利な天候を選択して渡る。その

ため、軽い追い風のときを選んで渡ることが多く、逆に強い向かい風のときは、渡るのをやめて島に降りてくることが多い。秋の軽い北風のときに島から飛去したなら、南方面へ向かうのだろうと推測できるし、春の強い南風のときに島に降りてきたなら、北へ向かう旅の途中なのだろうと推測できる。

日本のフライウェイ
Japanese Flyway
04

北極と日本と
オセアニアを
結ぶルート

text● 西沢文吾

図1
東アジア・オーストラリアフライウェイを利用する
鳥の繁殖地と非繁殖地，および主な渡りルート
Milton (2003)*1を改訂

繁殖地

非繁殖地

東アジア・オーストラリア
フライウェイの境界

春と秋に日本各地の干潟や砂浜，水田をにぎわすシギ・チドリ類（以下，シギチ。写真**1**, **2**）は，繁殖地の北極と越冬地のオセアニアを行き来する，数千kmの旅路の途中だ。驚くべきことに，「東アジア〜オーストラリアフライウェイ（以下，本ルート）」を利用するシギチは50種以上，総個体数は少なくとも730万羽と推定されている。この規模はほかのどのシギチのフライウェイをもしのぎ，日本に降り立つのは，それらのごく一部だ。彼らの繁殖地は，ロシア中部〜東部の北極域沿岸および内陸域，カムチャツカ半島を経て，アラスカ西部にまで至る。日本に飛来しやすいのはこのうち，より東側のロシア東部やアラスカ西部で繁殖する種だ。5〜8月に繁殖，8〜11月に東南アジアやオーストラリア，ニュージーランドなどの非繁殖地まで南下して12〜2月まで過ごし，3〜5月に再び繁殖地へ北上する。というのが基本的な生活サイクルだ（図**1**）。そのため，日本各地の干潟や水田では，南下（8〜11月）と北上（3〜5月）の時期にたくさんのシギチを観察できる。日本は彼らの長旅に必要なエネルギー補給のための，重要な中継地なのだ。

1 波打ち際で採食するトウネン幼鳥
9月 北海道（Nb）

2 シギチの群れ
（キョウジョシギ，キアシシギ，トウネン，チュウシャクシギ） 5月 千葉県（Oy）

このルートで渡る鳥たち

●北極と日本とオセアニアを結ぶルート

日本で記録があるシギチ81種のうち，52種（64%）が本ルートを利用するが[*2]，みな同じルートを渡るわけではなく，日本での記録されやすさにも種や個体群による違いがある。これについては後で詳しく紹介する。一方，コモンシギ，アシナガシギ，ヒメウズラシギ，ヒメハマシギ，コシジロウズラシギ，コキアシシギ，オオキアシシギ，アメリカヒレアシシギなどは北アメリカ大陸と南アメリカ大陸の間で渡りを行うため，日本には迷鳥としてしか飛来しない。

①日本で個体数が多い種
［図**1**-青線］

本ルートの東側に位置するロシア北東部やアラスカで繁殖する種や個体群が多く，メダイチドリ，ダイゼン，ムナグロ，キョウジョシギ，トウネン，ハマシギ，オバシギ，ミユビシギ，アオアシシギ，キアシシギ，タカブシギ，オオソリハシシギ（亜種オオソリハシシギ），チュウシャクシギ，ダイシャクシギなど。

繁殖地から越冬地までの主なルートは，大陸を経由せず，ロシア北東部やアラスカの繁殖地→カムチャツカ半島またはサハリン→日本→オーストラリア南東部やニュージーランドの越冬地となる。

3 アオアシシギ成鳥冬羽
1月 沖縄県（Nb）

4 サルハマシギ幼鳥
9月 北海道（Nb）

②日本で個体数が少ない種
［図**1**-赤線］

ロシア中央部と西部北極圏，およびロシア内陸域で繁殖する種や個体群が多い。繁殖地から越冬地までの主なルートは，日本を経由することが少なく，ロシア中央部や西部北極圏，およびロシア内陸域の繁殖地→中国北東部沿岸→黄海→台湾やフィリピン，またはインドネシア→オーストラリアやニュージーランドの越冬地となる。オオメダイチドリ，オオチドリ，ヘラシギ，シベリアオオハシシギ，サルハマシギ，コアオアシシギ，カラフトアオアシシギ，コシャクシギ，ソリハシセイタカシギなどが含まれる。

このうち，カラフトアオアシシギ（推定総個体数1,200羽）とヘラシギ（同140〜480羽）は世界的な希少種であり，特にヘラシギは日本が渡りルート上に位置していると考えられるが，個体数が少ないため，日本に飛来する個体数はごく少ない。

日本周辺の鳥の渡りルート 39

③ホウロクシギと
オオソリハシシギ2亜種の渡り

　ここで，本ルートを利用する2種を例に，渡りの詳細を見ていこう。オーストラリア東部で越冬中のホウロクシギに衛星発信機を装着し，繁殖地までの北上ルート，および繁殖地から越冬地までの南下ルートを調べたところ，日本を通過するのはすべての個体ではなく，一部のみであった。3月に越冬地のオーストラリア東部を旅立ち，4月上旬に台湾またはフィリピンを中継した後，中国本土（黄海）に上陸，中国北東部の沿岸を北上しながら繁殖地であるロシアのアムール川流域に5月に到着するというルートと，オーストラリア東部から，大東島，日本を中継した後，日本海を渡ってロシアの繁殖地まで渡るルートが確認された。オーストラリアから最初の中継地である台湾，フィリピン，大東島まで最大7,000 kmの距離を6日間休むことなく飛翔し続けていたようだ。繁殖地から越冬地までの南下ルートは北上ルートとよく似ていたが，オーストラリアに上陸する前にニューギニア島を中継する個体が多かった[*3]。

　一方，日本に渡来するオオソリハシシギのほとんどは亜種オオソリハシシギで，亜種コシジロオオソリハシシギは少ない。両亜種の個体数は同程度であるのに，このような違いが生じるのは，亜種間で渡りルートが異なるのだろう。非繁殖期をニュージーランドで過ごす亜種オオソリハシシギと，オーストラリア北西部で過ごす亜種コシジロオオソリハシシギに衛星発信機を装着し，その移動を追跡すると，亜種オオソリハシシギは黄海と日本を経由し，アラスカで繁殖していた。一方の亜種コシジロオオソリシ

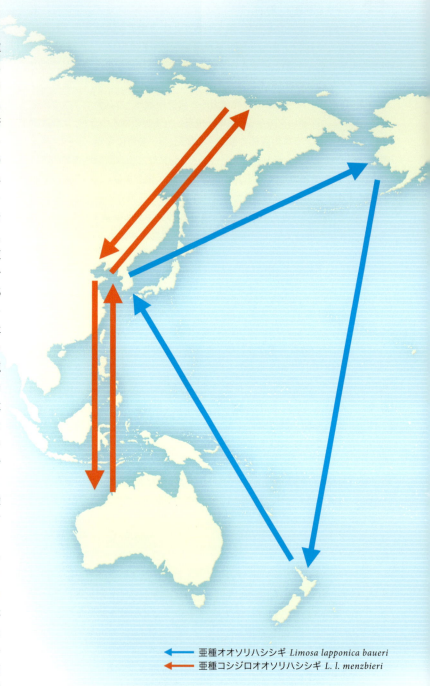

― 亜種オオソリハシシギ *Limosa lapponica baueri*
― 亜種コシジロオオソリハシシギ *L. l. menzbieri*

図2　オオソリハシシギ2亜種の渡りルート
Battley et al. 2012[*4]を改変

シギは黄海を経由してロシア東部で繁殖していた。亜種コシジロオオソリハシシギの北上と南下のルートは似ていたが，亜種オオソリハシシギはアラスカでの繁殖を終えると，太平洋上をどこも中継せず一気に非繁殖地まで南下していた[*4]。このように同じ個体でも，北上ルートと南下ルートが異なる場合があるのだ（図2）。

04 北極と日本とオセアニアを結ぶルート

5 ソリハシセイタカシギ幼鳥
10月 石垣島（沖縄県）(Uy)

6 夏羽へ移行中のシベリアオオハシシギ
4月 与那国島（沖縄県）(Nb)

7 コシジロオオソリハシシギ幼鳥
10月 鹿児島県 (Ts)

こうした個体ごとに詳細な渡りルートがわかっているシギチは少ないが，日本での野外観察でも渡りルートに関して推察できることがあるだろう。例えば，日本ではオグロシギやヘラシギは春より秋のほうが観察例が多い。これは同じ種でも北上と南下ルートが異なるか，あるいは同じ種でも成鳥と幼鳥で南下ルートが異なるということを示しているのかもしれない。

渡りを実感するには

春（4～5月）と秋（8～10月）に，ある程度の広さがある海岸や干潟，湿地，水田で渡り途中のシギチを観察できる可能性がある。しかし，数百〜数千羽のシギチの混群を見たければ，各地の有名な観察スポット（コムケ湖，谷津干潟，三番瀬，汐川干潟，大授搦など→p.120）に行くことをおすすめする。春は色鮮やかな羽衣の夏羽を楽しめるし，秋は地味な冬羽になっていることが多いが，春には見ることができなかった幼鳥が加わる。季節や年齢で変わる羽衣に着目し，じっくり観察するのも楽しいだろう。

また，ロシアやアラスカで繁殖を終え，日本まで南下し，そのまま日本で非繁殖期を過ごす（越冬する）シギチもいる。シロチドリ，ダイゼン，タシギ，ハマシギ，ミユビシギ，ダイシャクシギなどは関東以西で冬にも見られ，九州や南西諸島ではより多くの種類のシギチが毎年越冬する。中継地とはいえ，一年中，日本のどこかで渡り性のシギチを見ることができると考えてよいだろう。

●シギチのこれから

本ルートを利用する水鳥の多くは，個体数が減少傾向にある[5]。その主な要因は，彼らが渡りの中継地として利用する干潟や湿地の消失であることがわかってきた。本ルート上の重要な中継地である中国の黄海の干潟は，ここ数十年で65％にまで縮小し，黄海に依存している種の個体数減少率は特に大きい[6]。日本の干潟や湿地，水田を守ることが，シギチの個体数回復に大きく貢献するに違いない。

日本のフライウェイ

Japanese Flyway

05 大陸と北海道を

text● 先崎理之

　興味深いことに，北海道で見られる渡り鳥たちのすべてが，宗谷海峡や津軽海峡を通過して南北を移動するわけではない。ここで紹介するのは，北海道西岸と極東・沿海州地方を東西方向に結ぶルート（図1）だ。実はこの渡りルート，その存在は古くから推測されていた。有名なのがシマアオジだ（写真1）。本種は渡りの時期に本州本土では観察されず，春は沿海州地方を北上して北海道に直接渡来し，秋はその逆を渡ると考えられていた。残念ながら，北海道のシマアオジは絶滅寸前まで減ってしまったため，実際にどのように渡るか調べるのは難しくなってしまったが，近年，いくつかの鳥がこのルートを使うことがわかっている。

① シマアオジ雄　6月 北海道（Sh）

図1　大陸と北海道を結ぶルート

このルートで渡る鳥たち

　近年，確実にこのルートを使うことがわかったのがが石狩平野で繁殖するノビタキだ（写真2）。雄12個体の秋の渡りルートをジオロケータで追跡したところ，10月初旬に繁殖地を発ち，直接，大陸の東部に渡り，沿海地方南部やハンカ湖周辺に一時滞在し，その後，華北平原を通過して中国南部からインドシナ半島（ラオス，カンボジア，タイ，ベトナム）で越冬したことがわかった[1]（図2）。残念ながら越冬地から北海道へ北上するルートの追跡例はまだないが，春の初渡来日は全道的に4月10日過ぎと共通していること，本州以南での春の渡り期における本種の観察数が多くはないことから，沿海州から直接北海道に渡来している可能性がある。

　また，三重県で越冬したケアシノスリ[2]や秋田県で越冬したミヤマガラス[3]が，春季に北海道から沿海州に渡ったことがわかっている。ケアシノスリの例では，3羽の

結ぶルート

春の渡りルートを衛星追跡した結果，3羽ともに本州を北上し，津軽海峡を越え，4月下旬までに北海道稚内付近に至った。そして，5月上旬に2羽が西北西に日本海を横切り，うち1羽が確実に沿海州に到達したことが確認されている（残り1羽は渡去前に信号消失）。一方，ミヤマガラスの例では，11羽の春の渡りルートを衛星追跡した結果，日本の渡去位置を特定できた8羽のうち，5羽が渡島半島（奥尻島を含む）から，1羽が積丹半島から西北西に日本海を横切り，沿海州に到達したことが確認されている。渡りの時期は4〜5月初旬だった。さらに，1羽は秋の渡りルートも追跡され，この個体は渡島半島の西北西から渡島半島に渡来し，青森県で越冬した。このほか，埼玉県で越冬したマガモの中にも，春季に北海道の西部まで北上したのち日本海を超えて沿海州に渡る個体がいるらしいことがわかっている[*4]。

2 ノビタキ雄
6月 北海道 (Sm)

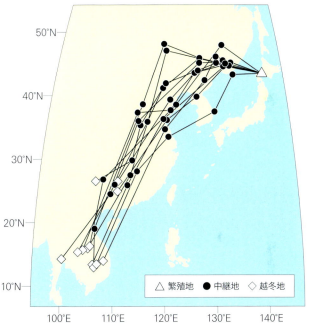

図2 石狩平野のノビタキの渡りルート (Yamaura et al. (2017)を改訂)

渡りを実感するには

未解明な部分の多い，この渡りルートを使う鳥を直接観察することは難しい。ここでは間接的にでも，このルートの存在を感じる方法を紹介しよう。それは，北海道とそれ以外の地域でさまざまな渡り鳥の密度を注意深く比べることだ。例えば，ノビタキは春秋の渡り時期，本州以南に北海道ほど密度が高い地域はない。このことは，北海道のノビタキが本州以南にあまり渡っていないことを意味する。ノビタキ以外にもそんな鳥がいないか注意してみよう。推測ではあるが，主に北海道の湿地や草地で繁殖し，東南アジアの大陸部で越冬するオオヨシゴイ（写真3），ツメナガセキレイ，マキノセンニュウ，エゾセンニュウもこのルートが主要な渡りルートかもしれない。

3 オオヨシゴイ雌
7月 北海道 (Sm)
本種もまた激減している

日本周辺の鳥の渡りルート　43

日本のフライウェイ

Japanese Flyway

06 大陸と本州を結ぶルート

text● 原 星一

図 **大陸と本州を直接結ぶルート**
このように日本海を飛び越えて大陸と本州を直接行き来する渡り鳥も多いと推測される。マガンの春の渡りでは、いちばん左の矢印のようなルートが実際に追跡されている[*1]

北海道や九州を経由せず、日本海を大きく飛び越えて本州と大陸（中国、ロシア、朝鮮半島）を直接結ぶという、少々ダイナミックなルートで渡る鳥がいる。本州に飛来する渡り鳥には、北海道や九州を経由し、できるだけ海上の渡り距離を短くする鳥が多いイメージがあるかもしれないが、意外とそればかりでもないということが、ガン・カモ類などの大形の鳥を対象とした衛星追跡により明らかになっている。スズメ目などの小形の鳥で実際に追跡できた事例はまだないが、分布や各地の観察状況から、このルートを使っていると考えられる種類もいる。渡りの時期に日本海側の離島で見られる鳥の中には、大陸と本州を行き来する途中で翼を休めているものもいるかもしれない。

1 ヒシクイ　12月 島根県（Hs）
嘴や体の大きさ、体形は亜種オオヒシクイに似るが、東日本で越冬する同亜種と比べ嘴が分厚く見えるなど、違和感のある個体もいた。同地で越冬するヒシクイは東日本とは異なる繁殖地からの渡来の可能性が指摘されている

このルートで渡る鳥たち

●**島根県からのマガンの春の渡り**

　一般に東北地方など、東日本で越冬するガン・ハクチョウ類は、北海道を経由して本州に出入りするが、西日本で越冬する個体群には、日本海を飛び越えて直接大陸と行き来するものがいる。例えば、島根県出雲市で越冬していた4羽のマガンを衛星追跡したところ、春の渡り時期に日本海を飛び越え、朝鮮半島東海岸の付け根に到達したことがわかっている[*1]。残念ながら電波が途絶えてしまい、その後の足取りの詳細は不明であるが、西日本で越冬するマガンの中には本州を北上、北海道を経由している個体ばかりではないことは間違いない。ちなみに、この4羽のうちの1羽は、その年の秋に北海道に飛来したことが足環標識によって確認されており、春秋でルートが大きく異なる場合もあるようだ。

● そのほかの鳥の渡り

 小鳥の仲間で日本海縦断が渡りのメインルートと思われるのがジョウビタキ（写真2）だ。実は本種が普通に越冬するのは宮城県付近より南の積雪が少ない地域であり、北海道本土や東北北部では春秋の渡り期に少数が見られる程度のちょっとした珍鳥だ。朝鮮半島を経て九州に到達する個体もいると思われるが、日本海側の離島では数多く見られるため、大陸から日本海を縦断して直接本州に到達する個体も多いのだろう。同様に、北海道や東北で個体数が少なく、関東以西で出現頻度の高いタゲリ、オオメダイチドリ、チュウジシギ、アカツクシガモ、オオカラモズ（写真3）などもこのルートを使っていると考えられる。また、北海道や本州北部だけでなく山陰地方などの本州西部で飛び地的に記録の多いユキホオジロなども、大陸から直接渡来しているケースがありそうだ。

 夏鳥の中には、越冬地の東南アジアから大陸を北上し、大陸東部から日本海を渡って本州に至る鳥もいるかもしれない。このルートを衛星などで実際に追跡できた事例はまだないが、各地の分布や観察状況からそう推察されるのがチゴモズだ。本種は近年著しく減少しており、繁殖地は局地的だが、既知の繁殖地は本州中部以北の日本海側に集中する。また、春の渡り期に、日本海側の海岸付近や離島では頻繁に観察される一方で、南西諸島や太平洋側での観察例は多くない。そのほかにも、日本海側の離島に飛来する鳥の中には、実はこのルートを通過中に島に降り立っているものも少なからずいる可能性もあるだろう。

2 ジョウビタキ雄成鳥
12月 宮城県（Hs）
関東以西では身近なジョウビタキ、しかし東北北部や北海道は通過数もかなり少なく、なかなか出会えない

3 オオカラモズ第1回冬羽　12月
島根県（Hs）
分布域に近い西日本ほど飛来数が多く、本州に飛来する個体は大陸から直接渡ってきている可能性が高い

渡りを実感するには

 日本海側に突き出す岬などでは、実際に日本海へ向け出発、または到着する渡り鳥を観察できる可能性はあるが、どこに向かうかはわかりようがない。そこで、各地の冬鳥の分布状況を通してこのルートの存在を考えてみよう。例えば、タゲリ（写真4）は春の渡り期に農耕地などで集結し100羽単位の大きな群れとなるが、そういった群れが見られるのは新潟県付近までで、北海道や東北ではほとんどいない。このことから、列島沿いに北上はせず日本海から離岸していることがうかがえる。

 また、ふだんは数少ない冬鳥が多数突然渡来すること（「侵入」と呼ばれる現象）で、思いがけずにこの渡りルートの存在を示してくれることもある。有名な例が2008年のケアシノスリだ。この年の初め、北陸地方にかつてないほど多数の幼鳥が飛来した。2007年末まで北海道や九州ではそこまで多くのケアシノスリは観察されていなかったため、大陸東部から日本海を越えて本州に到達し、そこから広範囲に分散したと推測されている*2。

 本州に飛来する冬鳥にはほかにもこのルートを使っている種は多いかもしれないが、個体数が多く、広範囲に飛来するものはなかなかイメージをつかみづらい。一方、これらの少数派の冬鳥は、個体数が少ないために目印になりやすい。今後ケアシノスリの事例のように、当たり年には各地の記録状況を整理することで、渡りルートの推測に役立つこともあるだろう。

4 タゲリの群れ
12月 千葉県（Oy）

日本周辺の鳥の渡りルート　45

日本のフライウェイ

Japanese Flyway
07

九州近辺と中国東部を結ぶ

text● 高木慎介

このルートで渡る鳥で最も（というより唯一）よく知られているのは，秋のハチクマだ。中国大陸と九州は広い東シナ海に隔てられているため，渡り鳥にとってこのルートはリスクが大きそうだが，九州近辺から南西諸島にかけての鳥の記録をひも解くと，多くの渡り鳥が本ルートを使っていることが考えられる。

図 九州近辺と中国東部を結ぶルート
便宜上，揚子江河口近辺と九州西部を結ぶ矢印にしているが，実際はどのようなルートなのか，秋のハチクマの渡りを除いて未知の部分が多い

このルートで渡る鳥たち

全国で繁殖したハチクマは九州へと向かい，九州西部の五島列島などを飛び立ち，中国東部へと渡る。このことは衛星追跡でも確認されている[1]。ハチクマ以外は，ジオロケータを使った調査で，ブッポウソウが秋の渡りで九州から中国東部へ渡ったとする結果が1例あるだけだ[2]。

しかし，九州近辺から南西諸島にかけての鳥の記録状況を調べると，多くの渡り鳥がこのルートを使っているであろうことがわかる。例えば，美しい夏鳥として人気のオオルリや亜種キビタキは，トカラ列島以北では春秋の渡りで多くの個体を観察できるが，奄美以南の南西諸島ではかなり数が少ない（ただし，トカラ列島でも春に比べて秋は少ない）。このことからこの2種は，中国東部とトカラ列島以北の九州近辺を直接行き来している可能性が高い。ほかにも，本土に夏鳥として渡来するマミジロ，クロツグミ，センダイムシクイ，エゾムシクイ，ノジコなども同じような記録状況なので，本ルートを使っている可能性が高い（これらもトカラ列島では春に比べて秋は少ない）（写真1）。

これらの日本に夏鳥として渡来する鳥以外に，稀な旅鳥の中にもこのルートを使っていると思われる鳥がいる。カラアカハラ，シロハラホオジロ，キマユホオジロなどはその一例だ（写真2）。これらもトカラ列島以北では春の渡りで多く見られるが，奄美以南の南西諸島ではかなり数が少ない。また，シマゴマ，アムールムシクイ，チゴモズのように九州北西部では春の渡りで普通に見られるが，九州南西部以南の記録は少なく，このルートの北側だけを使っていると思われるケースもある（写真3）。

ハチクマの秋の渡りを除き，こ

46

ルート

① クロツグミ雄　5月 平島（鹿児島県）(Ts)
春はトカラ列島でも多く見られるが，秋は少ない。こういった記録状況の鳥は，秋は九州から中国東部へと飛んでいく個体が多いのだろう

② キマユホオジロ雄　5月 長崎県 (Ts)
九州の西側では比較的目にする機会の多い，春の旅鳥だ

③ シマゴマ　4月 平島 (Ts)
九州北部や日本海側では春に普通に通過しているが，九州南部から南西諸島にかけてはわずかな記録しかない。この写真は希少な記録の1つ

のルートは未知の部分が多い。前述した小鳥の例も，南西諸島の記録状況と，「渡り鳥が海上を渡る際はなるべく短い距離を飛ぼうとするだろう」との推測から導き出したものだ。中国東部と九州近辺を行き来していたと考えていたら，実は台湾，中国南部，東南アジアなどから一気に飛んできている，なんてこともあるかもしれない。また，30ページで紹介した朝鮮半島・九州・南西諸島を結ぶルートで紹介した鳥の中に，このルートも使うものがいるだろう。

渡りを実感するには

渡っているところを見たいのであれば，やはり五島列島（長崎県）へハチクマの渡りを見に行くとよい。ハチクマと同時に小鳥なども渡るが，その方向をチェックすると新発見があるかもしれない。

小鳥の渡りを実感したいのなら，何と言っても4月中旬のトカラ列島がオススメだ。この時期はオオルリや亜種キビタキが多数通過し，当たれば"島全体がオオルリ・キビタキだらけ"，という事態を目にするだろう。中国東部から東シナ海を渡って来たと思われる鳥はかなり疲れており，路上や道路脇の草地で採食している個体も多い（写真4）。トカラ列島の中でも，近年では渡りの島としてすっかり有名になった平島が有人島の中でも西側に突出し，かつ，島のサイズが小さいので最適だが，渡瀬線以北の島であれば，ほかの島でもある程度の数は見ることができるだろう。観察には西よりの風がよい。

④ キビタキ雄　4月 平島 (Ts)
堆肥に止まり，集まってくる虫を捕食していた

日本周辺の鳥の渡りルート　47

Column 3

あるチュウヒの生涯 — 個体識別による渡りルートの解明

text●先崎啓究

私たちがふだん観察している「夏鳥」や「冬鳥」は，当然渡り鳥なので，観察時期以外は越冬地か繁殖地にいる。その両方を継続的に追えた事例はとても少ないだろう。ここでは偶然にも繁殖から越冬までに至る観察ができた，あるチュウヒを紹介しよう。

特徴的な模様

チュウヒの雄にさまざまな羽色の個体がいることは，バーダーにはよく知られている。国内で稀に見られる「大陸型チュウヒ」と総称される羽色の個体は，その白黒の美しい配色から，バーダーの人気が高い。

そんな白黒の美しいチュウヒの雄（以下，ズグロ（個体名））が私のフィールドである北海道胆振地方の勇払原野に現れたのは2009年の6月のこと。この年は繁殖に参加していなかったが，異彩を放つ美しさだったことは今でも鮮明に覚えている。

ついに繁殖を確認

翌2010年，6月にチュウヒの繁殖確認を行っていると，前年見たズグロの繁殖行動を確認できた。しかも2羽の雌に交互に食物を渡している。俗に言う「一夫二妻」の繁殖形態だった。この雄はとにかく狩りが上手で，身軽に飛び回っては獲物をサッと捕らえていた。結局8月までに2羽の雌からそれぞれ2羽，計4羽の雛を巣立たせた。養う家族が多かったせいか，この年は繁殖終了後の9月まで繁殖地付近でズグロを確認することができた。

インターネットの恩恵

その年の冬，利根川下流域で撮影されたであろう「大陸型チュウヒ」の画像がインターネット上に掲載され，北海道の繁殖地へ渡来するズグロと，細かい模様の位置や翼の欠けた部分に至るまで一致することがわかった。こうして，インターネットの恩恵を受け，北海道胆振地方で繁殖し，利根川下流域で越冬するというズグロの行動サイクルを突き止めることができた。

図 「ズグロ」の行動図

❶「ズグロ」と名付けたチュウヒ雄
2015年5月 北海道（Sh）

見えてきた生活スタイル

その後，ズグロは同じ繁殖地へ2015年まで毎年渡来し（終認は2016年1月，関東平野のねぐらにて），一夫二妻や一夫一妻といったスタイルで繁殖し，観察できた期間に最低10羽の雛を巣立たせた。観察終盤の2014，2015年は繁殖に失敗してしまったのが残念でならない。2011年からのズグロは，繁殖後に北へ50kmほど離れた石狩平野へ移動して1か月ほど過ごした後，関東平野へ旅立ち，主に10月下旬から利根川下流域で越冬し，3月下旬には繁殖地へ戻るというサイクルをくり返して行っていたようである。

今回は特徴的な模様と，インターネットの情報により，脚輪やロガーではなく，目視で1個体の生涯を断片的に追うことができた。現在も同じように動向を追えているチュウヒの雄はまだ数個体いるので，その生涯に今後も注目していきたい。

ムナグロ成鳥冬羽　12月 沖縄県(Nb)

第3章　環境別,渡り鳥探しのポイント集

前章では地球規模の広い視点で鳥の渡りを見たが,この章はよりクローズアップして,どんな環境で渡り鳥が見つかりやすいか紹介しよう。身近な場所でもコツをつかめば渡り鳥に出会えるし,鳥が好む環境の特徴がわかれば,渡り鳥観察のヒントになるはずだ。

ニシオジロビタキ第1回冬羽
12月 大阪府(Uy)

渡り鳥は ここにいる ▶01

text●原 星一

海岸
渡り鳥の長旅の出発と到着を見守る，海の玄関口

1 海岸線を南下するカワラヒワの群れ　10月 青森県（Hs）
海岸ではこのように海沿いを渡る様子を観察できるだけでなく，時には沖から陸にたどり着いたり，反対に海に出ていく渡り鳥を目撃する機会も多い

▶ 海岸を訪れる鳥たち

　海沿いの砂浜や漁港，岩礁地帯を訪れる水鳥は多く，海岸の草地などは小鳥や猛禽類も利用する。海に面しているというだけで，何かしらの渡り鳥を狙える場所だ。

　海と陸の境界である海岸を通過する渡り鳥は陸鳥，水鳥ともに多く，特に小鳥は海岸沿いに渡る様子を観察しやすい。岬などと同様，海と陸の玄関口になることもあり，海上と陸地を出入りする渡り鳥を目撃することもある。筆者は以前，防波堤の先端で海上から飛来したキクイタダキがテトラポットに降り立ち，疲れた様子でうろついているのを観察した。ほかにも，ツメナガホオジロやヒバリ，カワラヒワ（写真**1**）などで似たような光景を見たことがある。海岸林（→p.68）とも共通するが，陸の鳥の場合，鳥が向かいたい方向に対して陸地が狭まる地形のほうが鳥がたまりやすいので，観察の優良ポイントになりやすく，逆に陸地

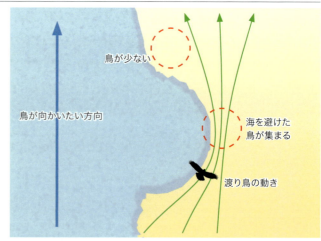

図 地形と鳥の移動
移動経路上で陸地が狭くなると鳥が集中し，逆に広がると鳥は拡散する

が広がる地形は不利となる（**図**）。また，陸鳥，水鳥とも海沿いを飛び越えていくだけでなく，海岸のさまざまな環境に降り立ち，利用している。以下，環境ごとにどのような鳥を観察できるか見ていこう。

POINT　ここだけは押さえたい，海岸のポイント

●砂浜

　干潟ほど大集団ではないが，波打ち際で採食する海水性のシギ・チドリ類の観察適地となる。干潟に比べて潮の満ち引きによる影響が小さいので，あまり時間帯を選ばずに探鳥できる。ただし，近くに採食に適した干潟がある場合，満潮時のほうが砂浜で観察できる種類・数が顕著に増えることがあり，特に小形種でこの傾向が強い。

　探し方は至ってシンプルで，まずは波打ち際で採食している鳥がいないかチェックする。ミユビシギやトウネン，ハマシギなどは群れでいると目立つので遠くからでも容易に発見できる。見つからなければ，海藻やゴミなどの漂着物がまとまってたまっている周辺を重点的にチェックしよう。波打ち際で採食を終えた個体が休んでいたり，漂着物に潜む小形の虫や甲殻類などを採食する個体も多い。地道にチェックすれば，ヘラシギやヨーロッパトウネンなどの稀な種の発見につながる。

　また，砂浜に流れ込む小川の河口も狙い目で，シギ・チドリ類だけでなくタヒバリ類，セキレイ類，ホオジロ類などの小鳥も観察できる。なお，砂浜を車で走りながら鳥を探すことができる場所もあるが，スタックには注意したい。

●岩礁

　シギ類は砂浜や干潟と比べて数も種数も少ないが，キョウジョシギやメリケンキアシシギなど，砂浜や干潟ではあまり見られない種を観察できる。強い波が直接当たらない岩礁周辺ではシノリガモやクロガモなどの海ガモ，コクガン，カイツブリ類などが採食する。

2　ハシジロアビ　4月 青森県（Hs）
漁港に数日間は滞在していたが，体の一部に釣り糸のようなものが絡まっていた

●漁港

　コクガン，カモ類，カイツブリ類など，さまざまな海辺の鳥が利用し，カモメ類の数は一般的に水揚げ量が多い大きな漁港で多い。コクガンやシノリガモのような岩礁地帯を好むような種では，海底が石や岩などでできた漁港のほうが入りやすく，砂地の場所ではあまり多くない。また，船着き場近くなどの水深が浅く，藻類が茂る場所ではヨシガモ，オカヨシガモ，ヒドリガモ，アメリカヒドリなどの淡水ガモがよく入り，コクガンもアオサなどを食べに集まる。カモメ類は水揚げのある日に数が多く，そうでない日はまったく姿がないことがあるので注意したい。

　岸に吹きつける風が強いときや外海が荒れているときは，ウミツバメ類，ウミスズメ類，アビ類など，ふだんは沿岸や沖合にいる種類が避難してくることがある。けがや油瀑などが原因で弱った海鳥もしばしば観察される（写真2）。漁港でなくても，波消しブロックなどの人工物で波が穏やかになっているところも同様に鳥が集まりやすいので，チェックしておきたい（写真3）。

3　渡り鳥が利用する海岸の一例
9月 青森県（Hs）
手前の浅瀬にはコクガンが採食に訪れ，波打ち際ではトウネンなどのシギ類，テトラポットの周辺ではシノリガモやキョウジョシギが観察された

4　キレンジャク成鳥　3月 青森県（Hs）
海岸でハイネズの実を食べる

●草地

　海岸付近にある草丈の低い海浜草地では，ホオジロ類やヒバリ類，時にサバンナシトド，ツメナガホオジロ，コホオアカ，ハマヒバリ，コヒバリといった稀な種類に出会える可能性がある。彼らの食物となる草本群落に狙いを定めて探してみよう。例えば，ユキホオジロはハマニンニクの群落によく集まる。海岸に生育するハイネズの実は，あまり鳥が好みそうではないが，レンジャク類（写真4）がついばむことがある。コミミズクやコチョウゲンボウ，チュウヒ類など，開放的な環境を好む猛禽類の出現にも期待だ。

渡り鳥はここにいる ▶02

text● 小田谷嘉弥

河川
ゆく川の流れに沿って景色も鳥も様変わり

1 さまざまな河川環境
a：護岸された上流域（3月 茨城県），b：河川敷に礫のある河原と草地がある中流域（9月 兵庫県），c：緩やかな流れと発達した河畔林がある下流域（5月 千葉県），d：河川敷に広がる堤防の法面とスポーツグラウンドの草地（5月 千葉県）（Oy）

▶ 河川を訪れる鳥たち

　河川は古来より，人の移動や物流の経路となってきた。渡り鳥にとっても同様で，移動の経路や中継地，繁殖や越冬の場所として多く利用されている。最も身近な水辺環境である河川での，渡り鳥の探し方を紹介しよう。

　川幅，流速，水深，礫の大きさなど，河川の環境は源流部から河口域に至るまでに劇的に変化する（写真1）。一般的に，上流では川幅が狭く，流れが速くて水深が浅く，礫が大きい。下流はその逆だ。日本の河川は勾配が急で短いのが特徴で，最長の信濃川でもわずか367kmだ。そのため，海岸沿いま

で森林が広がる地域では，急な流れのまま海へ注ぐ河川もある。また，氾濫を防ぐために堤防が造られ，都市部では護岸されている河川も多い。河川敷に河畔林や二次草地，高水敷に湿地やワンドがある河川も多く※，上流から下流までさまざまな環境が揃う河川は，渡り鳥にとって貴重な生息環境だ。

　河川で見られる鳥を上流と下流で比較すると，驚くほど構成種が違うことに気づく。上流，中流，下流ごとに観察できる種類をまとめると以下のようになる。

※高水敷は常に水の流れる低水路よりも一段高い部分の敷地。ワンドは河川敷にできた池状の入り江で，本川から離れた場所にできることもある。

【上流域】

　源流部近くの渓畔林（特に落葉広葉樹林）は夏鳥の観察スポット。オオルリ，エゾムシクイ，ミソサザイなど，沢沿いを好む種のさえずりが涼しく響きわたる。またオシドリや，北海道・東北の一部ではカワアイサ，シノリガモが繁殖する。源流部よりも少し下り，川面が広くなって岸辺に礫が見られはじめると，ヤマセミ，カワガラス，キセキレイ，セグロセキレイが姿を現すようになる。冬季には浅瀬や小さな水路，湿地帯でアオシギが見られることがある（写真2）。

【中流域】

　扇状地に近づき，砂地が目立ちだすと，イソシギ，コチドリ，イカ

52

ルチドリや浅瀬で獲物を狙うサギ類，カワウなどが見られる。カワアイサは上流でも見られるが，視界が開けた中流域のほうが観察しやすく，ごく稀にコウライアイサが混じる(写真3)。また，川面が広ければ，中流域でも春〜秋にはマガモやオナガガモなどのカモ類，ガン・ハクチョウ類の群れがいることがある。川沿いのやぶでは，オオマシコやベニマシコなどの種子食の小鳥類が観察しやすい。

【下流〜河口域】

夏季，大きめの砂礫堆や中州では，シギ・チドリ類やコアジサシが繁殖し，冬季はカモメ類が川面に水浴びに訪れる(写真4)。川面は主に渡りや越冬中のガンカモ類の観察によい。北日本では水面採食をするカモやハクチョウ類がしばしば大群でねぐらをつくる。汽水域では，貝類を採食するホシハジロ，キンクロハジロなどが集結する(写真5)。大きな群れや多くの種が混じる群れでは，アメリカヒ

2 河川の流れの中で採食するアオシギ
3月 奈良県 (Uy)
止水の湿地を好むことが多いタシギ属のうち，河川を主に利用する変わり種。岸辺の植生の中に隠れていることもあるので，注意深く探そう

3 コウライアイサ雄
11月 神奈川県 (Uy)
世界的な希少種で，ロシアの沿海地方から中国東北部で繁殖し，国内ではごく少数が冬季に渡来する。全国的に観察例があるが，西日本での記録が多い

4 河口域で水浴びするカモメ類の群れ
2月 茨城県 (Oy)

5 河口域で休息するハジロ類の群れ
1月 茨城県 (Oy)
この場所では浅瀬でシジミ類を採食していることもある

ドリ，メジロガモ，アカハジロなどの稀な種類が入る確率が高い。こうした群れは短期間でも個体の入れ替わりがよく起こるので，見つけたら何度も通って観察しよう。

また，カモ類をじっくり見ていると，それらを狙うオオタカ，ハヤブサなどの猛禽類に遭遇することも多い。河川敷の芝生はウズラ，ヒバリ，ホオアカ，コジュリンなどの丈の低い草地を好む種の貴重な生息地となっており，少雪地の冬季の夜間にはヤマシギやタゲリが採食のために訪れる。

POINT　ここだけは押さえたい，河川のポイント

●普通種の多い砂礫堆・中州

普通種につられて降りてくる希少種や迷鳥が狙える。例えば，コアジサシのコロニーでは，魚を奪い取るためにクロハラアジサシ類が混じることがある。浅瀬でサギ類が群れている場所では迷行してきたヘラサギ類やツル類，コウノトリなどが一時的に利用する場合もあるので要注意。

●河口

満潮時，中州や堤防に干潟や砂浜で採食するシギ・チドリ類の群れが訪れることがある。天候が荒れた際には外洋の海鳥が吹き飛ばされてくることもある。安全最優先で狙ってみよう。

●堰の周り

堰は下流側に遡上する魚の群れがたまることが多く，ササゴイなどのサギ類をはじめとする，魚食性鳥類の格好の採食場所になる。堰の前後にできる砂州はシギ・チドリ類の休息場所となることがある。

●平地の河畔林・やぶ

春秋は森林性の渡り鳥を楽しめる。ブッシュではノゴマ，センニュウ類など，ヤナギ林が発達しているとヒタキ類，ツグミ類，ムシクイ類，ツグドリなど。早朝の時間帯から歩き，地鳴きに耳を傾けて探してみよう。

●洪水・雪解け後の河川敷の草地

洪水後の大きな水たまりは，シギ・チドリ類，カモ類の採食場として昼夜問わず利用される。魚の群れが入ったときにはサギ類など魚食性の鳥も利用する。北日本では雪解け後の渡り時期にツグミやタヒバリ，セキレイ類の群れがしばしば入る。

渡り鳥は
ここにいる > 03

text● 先崎啓究

湖 沼

渡り鳥が安心して翼を休める，陸の水がめ

 カモ，ハクチョウ類の群れ　11月 新潟県 (Ts)
湖沼ではたびたび給餌が行われ，カモ，ハクチョウ類を間近に観察することができる

> 湖沼を訪れる鳥たち

　国内最大の淡水湖の琵琶湖（滋賀県）や汽水湖のサロマ湖（北海道）だけでなく，涸沼（茨城県）や朝日池（新潟県）など，全国各地に点在する湖沼は水鳥を中心とする渡り鳥観察の定番スポットだ。
　特にガン・ハクチョウ類は湖沼で見られる渡り鳥の代表格だ（写真1）。マガン，ヒシクイ，カリガネ，オオハクチョウ，コハクチョウを筆頭に，近年ではハクガンやシジュウカラガンも増えてきた。また，時にはサカツラガンやハイイロガン，ナキハクチョウといった珍種も見られる。ガン・ハクチョウ類は北海道と東北地方では秋〜春に数万羽が見られるほか，関東や山陰にも越冬地が点在する。
　彼らの最大の魅力は，渡り観察にうってつけであることだ。例えば，北海道や東北地方の渡りのルート上では，彼らが夜間を中心に，にぎやかに鳴きながら渡る様子を観察できる。また春季には観察地に行かずとも，各地の渡来地の飛来情報を収集することで，雪解けに合わせて彼らのねぐらや採食場所が北上していく様子を追うことができるのだ。

> 身近なカモ類

　湖沼の渡り鳥のうち，ガン・ハクチョウ類よりもっと身近なのがカモ類だ。ガン・ハクチョウ類は比較的大きな湖や池を好むのに対し，カモ類は公園の池や小さなため池でもよく見られる。場所を決めて定量的な記録を取っていけば，その場所がカモ類にとっての通過地なのか，越冬地なのかの傾向をつかめるかもしれないし，もし特徴的な個体や種類を経年で観察できれば，年齢による羽衣の変化などを観察できるかもしれない。また，1か所に通い詰めるのではなく，自分の地域にある湖沼のカモ類の種類や個体数を網羅的に調べてみるのもおもしろい。例えば，西日本では多く越冬するトモエガモは，実は関東や東海地方でも多く越冬している。こうした事例は多数の湖沼をチェックして初めてわかることだ。

POINT　ここだけは押さえたい，湖沼のポイント

●隔離された場所

山地にあるダム湖（写真2）は湖沼の意外な穴場だ。特に山深く，付近に大きな水域がないダム湖では，春と秋の渡り時期に海鳥のアビ類やアカエリヒレアシシギ，ハジロカイツブリなど，思わぬ種類の記録がある。人知れず渡っているのか，迷い込んでしまったのか——出現理由はさまざまだが，ダム湖が彼らの絶好の休息場となっていることには変わりないだろう。

●海岸近くの池や湖沼

海岸から少し離れた沼や小さなため池などでは，クロハラアジサシ（写真3）やハジロクロハラアジサシなどのアジサシ類が，渡りの途中に立ち寄ることがある。特に台風などの強風の後に羽を休めている場面に遭遇することが多い。また，このような池の浅瀬などでは海岸よりも淡水域を好むツルシギやアオアシシギ，アカアシシギなどのシギ類が見られることもある。冬季はカモメ類が定期的に水浴び場として利用する場所もあり，毎日観察していればカナダカモメなどの変わった種類に出会えるかもしれない。

●湖沼に現れる猛禽類

湖面のカモ類や湖岸の小鳥類を狙うオオタカ（写真4）やハヤブサ，チュウヒなどの猛禽類も多い。特に冬季，東北以西で見られる猛禽類は，主に湖沼に生息する鳥類を追って北から渡ってきた個体が多いようだ。このほかにも魚を獲物とするミサゴや，各地で人気のオオワシなども湖沼で多く確認され

2 道央のダム湖の一例（Sh）
このような広大な水域では，内陸部ではあまり見られないアカエリヒレアシシギやハジロカイツブリなどを観察できることがある

3 クロハラアジサシ　5月 島根県（Sh）
海岸付近の湖沼では渡りの時期に時折観察されることがある

4 オオタカ　4月 北海道（Sh）
水面のカモ類に狙いを定める。獲物のカモ類などが多く集まる場所ではよく見られる光景

る。山地の池などでは，留鳥であるクマタカがカモ類を狙って現れる場所もある。このように湖沼とい

う環境はさまざまな鳥たちの生活を支えているといっても過言ではない。

環境別，渡り鳥探しのポイント集　55

渡り鳥は
ここにいる ▶ 04

text●西沢文吾

干潟

渡り鳥のお腹を満たす，海辺のサービスエリア

❶ 干潟の例　[a：河口干潟　4月 広島県，b：前浜干潟　9月 千葉県]（B）

▶ 干潟を訪れる鳥たち

　干潟は内湾や河口の汽水域の浅瀬に現れる平坦な潮間帯であり，河川や沿岸流によって運ばれた砂泥や有機物などが堆積してできる。立地や成因で3つに分類され，潮が引いた時に河口部の両岸に出現する**「河口干潟」**，陸地の前面に出現する**「前浜干潟」**，砂嘴※で囲まれたせき湖内に発達する**「せき湖干潟」**がある（写真❶）。例えば，有明海（九州）の干潟の多くや三番瀬（千葉県）は前浜干潟で，多摩川（東京都）や小櫃川（千葉県）の河口は河口干潟，サロマ湖（北海道）や蒲生干潟（宮城県）はせき湖干潟である。これらは天然干潟だが，葛西臨海公園（東京都）や大阪南港野鳥園（大阪府）のような人工干潟もある。

　潮位の差が小さい日本海側や北海道沿岸に干潟はあまり発達せず，日本の干潟の90％以上は，千葉県以南の本州太平洋側，四国，九州にある。干潟が発達するのは大きい波が当たらない，大きな河川が流入する内湾の奥で，こうした場所では河川から流れてきた細かい粒子の泥が数km沖まで堆積して広大な干潟ができる。一方，外海に面した大きな波が当たる湾口部は，粒子の粗い砂質の干潟が多い。

　干潟にはゴカイ類，カニやエビなどの甲殻類，貝類，小魚といった生物が豊富に生息する。そのため，シギ・チドリ類だけでなく，カモ類，カモメ類，アジサシ類，サギ類など多くの渡り鳥が採食や休息に利用し，1年を通じて優良な探鳥地となる。また，遮るものがないため，鳥を比較的容易に発見でき，初心者からベテランまで幅広く楽しめる場所だ。

※湾に面した海岸や岬の先端などから，細長く突き出るように伸びる，砂の堆積した地形。

▶ 季節ごとの見どころ

●春（4～5月）と秋（8～10月）

　春と秋にはたくさんのシギ・チドリ類がエネルギー補給で干潟を利用するため，1年で最もにぎわう季節だ。春は繁殖地へ向かう途中の色鮮やかな夏羽をまとったシギ・チドリ類が，忙しなく採食する姿を観察できる。メダイチドリ（写真❷），ダイゼン，トウネン，ハマシギ，キアシシギ，アオアシシギ，ソリハシシギ，キョウジョシギ，オバシギ，ダイシャクシギ，オオソリハシシギなど，渡りの最盛期には1日に20種近くが見られることもある。一方，ムナグロ，タカブシギ，オジロトウネン，ヒバリシギ，ウズラシギ，ツルシギなどは，より内陸の湿地や水田を好む傾向があり，河口干潟や前浜干潟ではあまり見られない。

　8月に入ると，繁殖を終えて越冬地に向かう途中のシギ・チドリ類が再び日本を中継する。秋は地味な羽色のものが多いが，春には見られなかった幼鳥が加わる。また，ヘラシギ（写真❸）やヒメウズラシギなど稀な種類の記録は秋のほうが多い。

　シギ・チドリ類は種類によって干潟での採食場所が異なる。例えばトウネンやハマシギなどの小形シギは水際で，チドリ類やオオソリハシシギやダイシャクシギなどの大形シギは干潟の内部で採食する傾向がある。これは，小形シギは泥性の干潟の表面に発達する微生物の薄い膜（バイオフィルム）をよく食べるが，チドリ類や大形シギはその割合が少なく，ゴカイやカニ，貝類などをよく食べる[*1]という，食物の違いによるのかもしれない。

を狙う。アジサシの群れには、ハジロクロハラアジサシやキョクアジサシが混じることもあり、チェックは欠かせない。ハシブトアジサシがカニを採食することもある。

●冬（11－3月）

関東以西の干潟では、越冬中のシロチドリ、ダイゼン、ハマシギ、ミユビシギ、ダイシャクシギなどのシギ・チドリ類が採食する姿が観察できる。また、オオセグロカモメ、セグロカモメ、ユリカモメ、ズグロカモメなどのカモメ類も姿を見せる。海上にはスズガモ、ヒドリガモ、オナガガモ、ホシハジロ、ホオジロガモ、クロガモ、ビロードキンクロ（写真4）などのカモ類のほか、ハジロカイツブリ、カンムリカイツブリ、ウミアイサ、アビ類も見られる。九州ではこの地域ならではの鳥として、ズグロカモメ、ツクシガモ、クロツラヘラサギ（写真5）が毎冬姿を見せる。

② メダイチドリ　5月 茨城県（Oy）

③ ヘラシギ　9月 北海道（Sm）

④ ビロードキンクロ
11月 北海道（Nb）

●夏（6－7月）

春のシギ・チドリ類の渡りが終わると、干潟は一気に寂しくなる。しかし、周年観察されるカワウやサギ類などは、水際や浅瀬で採食している。稀種のカラシラサギ夏羽はこの時期しばしば見られる。また、コアジサシやアジサシなどのアジサシ類は干潟で休息したり、上空を飛びながら浅瀬の小魚

POINT ここだけは押さえたい、干潟のポイント

事前に潮見表や気象庁のホームページなどから干潮と満潮の時間をチェックして観察にでかけよう。場所によって満潮と干潮の時刻は異なるため、目的の干潟に近い場所の時刻を参照するとよい。「大潮」が最も干満の差が大きく、干潮時に出現する干潟も広くなる。一方「小潮」は潮位差が小さく、出現する干潟も小さい※。干潟が広いほど食物量は多く、飛来する渡り鳥の種類や個体数が増加するので、潮汐情報と干潟の広さを参考に、観察地を選ぶとよいだろう。

ただし、干潟が広いほど鳥が広範囲に分散し、鳥との距離は遠くなる。シギ・チドリ類は干潟の面積が小さいとそこに密集するため、

満潮から干潮へ（または干潮から満潮へ）変化する時間帯を含むように観察するとよい。完全に干潟が水没すると、シギ・チドリ類は近くの堤防や中州、砂浜などで休息していることがあるため、そこもチェックするのがおすすめだ。

観察中、もし突然シギ・チドリ類やカモ類が一斉に飛び立ったら、ハヤブサやオオタカなどの猛禽類が近くにいるかもしれない。干潟ではしばしばこうした猛禽類による捕食シーンも観察できる。

⑤ クロツラヘラサギ　12月 沖縄県（Nb）

※潮汐の用語

大潮：干満差の大きい状態。新月（旧暦の1日ごろ）や満月（旧暦の15日ごろ）の前後数日間。

中潮：大潮と小潮の間。旧暦の3〜6、12〜13、18〜21、27〜28日ごろ。

小潮：干満差の小さい状態。月の形状が半月になる上弦（旧暦8日ごろ）や下弦（旧暦22日ごろ）の前後数日間。

長潮：上弦、下弦を1〜2日過ぎたころ。干満差が一段と小さく、干満の変化がゆるやかで、だらだらと長く続くように見える小潮末期（旧暦10日と25日）のこと。

若潮：長潮の翌日で、小潮末期の「長潮」を境に、大潮に向かって、潮の干満差が次第に大きくなる。この状態を「潮が若返る」とした。

海上保安庁ホームページの図を改変

渡り鳥は
ここにいる ＞ 05

text● 先崎理之

農地

人が作りだした環境は，渡り鳥の新しい居場所

1 田植え後の水田に集まったシギ類（左：5月 千葉県）と水田でたたずむクロツラヘラサギ（右：5月 沖縄県）（Sm）

＞ 農地を訪れる鳥たち

　今や日本の平野部に自然草地や湿地はほとんど残っていない。こうした中，かつて湿地や草地に主に生息していた渡り鳥の代替の生息地となっているのが農地だ。農地はさまざまな面で人手が加わる人工的な環境だが，比較的自然度が高く，多くの渡り鳥に利用されている。

　農地で見られる鳥は，その土地で何を作っているかによって大きく異なる。ここでは代表的な3種類の農地（水田，牧草地，畑作地）で主に見られる種類を紹介する。

【水田】

　水鳥を中心に，小鳥から猛禽まで見られる農地の定番スポットで，渡りの時期の鳥も多い（写真1）。春は水入り前の耕起田でムナグロやサギ類，タヒバリ・セキレイ類，ホオジロ類，入水後はシギ・チドリ類が狙える。また，暖地の秋〜冬は二番穂の伸びた乾田で乾燥した草地を好む種（ウズラ，ホオジロ類など），湿田でガンカモ類，シギ・チドリ類，タヒバリ・セキレイ類などが見られる。一方，夏はサギ類やツバメなどを除いて全体的に鳥が少ないが，本州〜九州の里山ではサシバを，平地ではヒクイナやタマシギを狙える。

【牧草地・採草地】

　渡りの時期と暖地の冬は，低い草丈を好むツグミ類，タヒバリ類，セキレイ類が多い。湿気がある土地ならムナグロやオオジシギなどのシギ・チドリ類やサギ類，時にツル類やコウノトリが利用する。コミミズクやハイイロチュウヒの狩り場にもなりやすく，北日本や高

2 さまざまな農地環境　10月 北海道（Sm）
圃場（農耕や放牧を行う場所の総称）の種類はさまざまで，季節で景観も大きく変わる
（a：収穫前の水田，b：耕起後の畑地と防風林，c：堆肥置き場と大豆畑，d：牧草地と孤立林）

地ではオオモズも期待できる。北海道の場合，夏はオオジシギ，コヨシキリ，ホオアカといった夏鳥の繁殖地にもなる。採草が行われると，バッタ，ネズミ，カエル，あるいは小鳥類が見つけやすくなるためか，アマサギやチュウサギといったサギ類，トビやチュウヒなどの猛禽類が集まることがある。

【畑作地】

農作物の種類やその耕作段階によって特定の種類が見やすいことがある。例えば，北海道では夏の麦畑や大豆畑でウズラが多く，春と秋のデントコーン畑はオオハクチョウ・オオヒシクイが好む（写真3）。秋〜春のツグミやヒバリは土の畑，渡り途中のノビタキなどは適度に土が露出している畑を好む。西日本や九州以南で冬季もキャベツやブロッコリーを栽培している場合は，ツグミ，ヒバリ，セキレイ類，タヒバリ類がくることがある。

3 収穫後のデントコーン畑に集まったガン類　10月 北海道（Sm）
北海道ではオオヒシクイやオオハクチョウに加え，タンチョウもデントコーン畑に集まりやすい。なお，コハクチョウやマガンは水田をより好む

POINT ここだけは押さえたい，農地のポイント

渡り鳥たちは農地特有の環境やさまざまな耕作イベントをうまく利用して生活している。

●収穫・耕起

耕起中の畑は，土中や農作物に付いていた虫が取りやすくなるためか，昆虫食の鳥が集まる。サギ類（写真4），ムナグロ，タヒバリ・セキレイ類，ムクドリ，ツグミ類などが見やすい。

●野焼き跡地

本州の少雪地や冬の九州で目を付けたいポイント。熱を嫌って地中から現れた昆虫などを狙って，ウズラやホオジロ類，タヒバリ類，ツグミ類などが見やすい。湿っているとタシギなども見られる。稀種としてシベリアジュリン，コホオアカ，マミジロタヒバリなども狙える（写真5）。

●休耕・耕作放棄地

植物が伸びたやぶ（ブッシュ）を好む鳥が多い。乾燥しているとモズ，ホオジロ類，アトリ類，ノビタキなどの越冬・繁殖地になり，湿っているとクイナ類やセンニュウ類が見られる。秋〜春はチュウヒ類やコミミズクのねぐら，ノスリやチョウゲンボウの狩り場になる。

小鳥を狙うなら動きが活発な早朝〜午前中に見たい。

●農業用水路・クリーク

幅，水深，植生によってさまざまな水鳥が見られる。幅広で深い水路ではカモ類（ただし，コガモは細い水路を好む）やクロハラアジサシ類が狙える。水深が浅い水路ではクサシギ，トウネン，タシギなどがよく見られる。ガマやヨシが生い茂るとクイナ類やホオジロ類，ヨシキリ類，ムジセッカなども狙える。

●牛舎・堆肥置き場

堆肥や飼料に発生するコバエやミミズなどを求めて，サギ類やシギ・チドリ類，ヒタキ類，ツグミ類，タヒバリ類，ムクドリ類などがよく集まる。冬でも堆肥の内部は発酵熱で暖かいため，厳冬期に食物が多く，たくさんの鳥が集まることがある。

●収穫後の果樹園・果物が投棄された畑

地面に果実が大量に残存，投棄されていると，ツグミやレンジャク類が大挙して押し寄せることがあるので要チェック。野菜だとカラス類やヒヨドリなどがくる。

●樹林帯・防風林

渡りの時期には意外と森林性鳥類が入る。例としてはツツドリ，ホトトギス，キビタキ，オオルリ，コサメビタキ，クロツグミ，アカハラ，センダイムシクイ，エゾムシクイ，コムクドリ，ニュウナイスズメなど。なお北海道では，これらの鳥の多くが農地の防風林で繁殖する。

4 トラクターを追うアマサギ（上）と待機するサギ類（下）　5月 沖縄県（Sm）
土中から出てくる獲物を狙うのだろう

5 マミジロタヒバリ
2月 鹿児島県（Sm）
数羽が焼き畑に集まっていた

渡り鳥は ここにいる 06

text●原 星一

ヨシ原
子育てからねぐらまで，年中人気の水辺の隠れ家

❶ 秋のヨシ原　10月 青森県（Hs）

▶ ヨシ原を訪れる鳥たち

　平野部の川沿いや湖沼，河口，耕作放棄地などにはしばしばヨシ原ができる。ヨシ原とはイネ科のヨシ（アシ）が群生する草地だが，開発されやすく，植生も遷移しやすいため，元々の広さに比べてわずかしか残っていない場所も少なくない。それでも，ヨシ原は1年を通して渡り鳥を観察できる優良なポイントだ。以下に季節ごとの見どころを紹介する。

【夏鳥】

　北海道から東北・関東地方では，ヨシ原で繁殖する鳥が多く，さえずりのコーラスが楽しめる。この繁殖鳥の種数を決める主な要因は，ヨシ原内部の植生だ。大きなヨシ原ほど繁殖鳥が多いのは，そのほうがさまざまな鳥の繁殖に必要な環境を多く含む可能性が高いか らだ。また，ヨシ原が小さくても繁殖に適した環境がそろってさえいればヨシ原の大きさにかかわらず繁殖鳥は多くなる。それでは，どんな種類の鳥がどんなヨシ原を好むのかを見ていこう。

　ほかの植生が混じらない純粋なヨシ原を好む代表格は，茎が固く，背の高い草本に巣を作るオオヨシキリやコヨシキリで，オオジュリンもよく見られる。これらの鳥は，草丈2～3mのうっそうとしたヨシ原で数が多い。逆に，下層植生の内部に営巣するオオセッカ（写真❷），シマセンニュウ，マキノセンニュウなどは，スゲ類などがよく茂ったヨシ原でないと生息できない。これらの鳥は，フカフカの植生がじゅうたんのように生い茂るヨシ原で探そう。

　また，かん木の上で営巣するエゾセンニュウ，ノゴマ，アオジ，ベニマシコや，地上に営巣するノビ タキ，ホオアカは，低木や乾いたところに生える草本が混じる草地に多い。ススキやアワダチソウ類などの外来草本が目安になる。

　ヨシ原の水深や広さにも着目しよう。冠水したヨシ原では，ヨシゴイやサンカノゴイ，クイナ類が繁殖する。ヨシゴイは淡水域のヨシ原を好み，小魚が豊富であれば池の畔にあるような小さなヨシ原でも営巣する。一方サンカノゴイは大きなヨシ原での繁殖が多い。

【冬鳥・旅鳥】

　本州以南では，渡り・越冬期こそヨシ原が最も輝く時期だ。まず小鳥類の数がとにかく多い。草木が枯れるこの時期のヨシ原は，身を潜められる十分な空間と食物を供給するからだろう。見られる鳥の中心はホオジロ，アオジ，オオジュリンといったホオジロ類だが，渡りの時期にはヒタキ類やムシクイ類などの森林性の鳥も見られる。

2 オオセッカ 7月 青森県（Hs）
繁殖分布は東北や関東の一部と局地的で集中的。繁殖地では独特のさえずりの大合唱が聞かれる。冬は西日本でも観察される

3 コミミズク 1月 青森県（Hs）
日中，ヨシ原内部の枯れ木にひょっこりと姿を現した。こうしたかん木に止まる猛禽類は多いので，必ずチェックしよう

　西日本の河川や湖沼付近の広いヨシ原では，ツリスガラの群れが飛び回る。シジュウカラの群れがヨシの茎の中のカイガラムシを探して，パチパチ音を鳴らす光景に出会うことも少なくない。稀種としてはチフチャフ，ムジセッカ，オガワコマドリなどが見つかることもある。夕暮れ時になると，ヨシ原でねぐらを取るツバメ類（晩夏～秋に多い），タヒバリ類，ツグミ類，ホオジロ類などが乱舞する光景を目にすることができる。

　野焼きなどで一部地面が露出したときは，ツグミ類やタヒバリ類，ムクドリ類などが食物を求めて集まるので要チェックだ。

　もう1つ，冬のヨシ原を語るうえで忘れてはならないのが猛禽類だ。主役となるのはチュウヒ，ハイイロチュウヒ，ノスリ，ケアシノスリ，コチョウゲンボウ，コミミズクなど（写真**3**）。これらの鳥の多くはネズミ類を主食とし，地上で狩りを行うため，まばらなヨシ原で数が多い。また，ヨシ原周辺の土手や農耕地なども頻繁に利用するため，周辺の環境にも気を配ろう。さらに，ヨシ原の内部に適度にかん木があると，休息や狩りのシーンを観察しやすい。

POINT ここだけは押さえたい，ヨシ原のポイント

　四季折々，多様な渡り鳥が利用するヨシ原だが，特に渡り鳥の多いヨシ原には共通した特徴がある。

　まず，岬や海岸など，渡り鳥の通過ルートに近かったり，広大な農耕地の内部だと，小規模なヨシ原でも利用する渡り鳥が多い。加えて農耕地内の場合は，小鳥が採食できそうな，粗放的な畑に隣接したヨシ原も狙い目だ。大穴狙いで，周りに類似の環境の少ない山間のヨシ原を攻めるのも悪くない。オオモズやシラガホオジロなどが狙えるほか，本州中部では，渡り前のノジコが多数見られる場所もある。

　一部の渡り鳥は，食物や植生ではなく，同種，あるいは他種の存在を頼りにどこで繁殖するかを決めている。これを「同種内誘引」あるいは「異種間誘因」という。この性質が強い鳥の特徴は，①渡り鳥であること，②局地的だが高密度に生息すること，③夜間にさえずること（夜間渡る鳥が，そのさえずりに誘引されて降り立つ）が挙げられ，海外ではこの性質を利用して渡り鳥の繁殖地を保全しようという試みもある[*1]。ヨシ原で繁殖する小鳥の場合，オオセッカ，コジュリン（写真**4**），コヨシキリでこの性質が顕著と思われる。ヨシ原は，洪水などの自然撹乱や植生遷移の影響を受けやすく，同種や他種の存在を頼ったほうが好適な生息地をすばやく見つけられるのかもしれない。鳥の生息の有無を決める要因が，植生や地形だけではないことを頭に入れておきたい。

4 コジュリン
10月 青森県（Hs）
ヨシの種子を採食する。繁殖地とは異なる小規模なヨシ原でオオジュリンやアオジなどと群れていた

| 渡り鳥は ここにいる > 07

text●原 星一

山・峠
スカイラインを越える鳥，意外な鳥にも会えるヤマ場

 峠を越えるサシバのタカ柱　9月 長野県（Hs）

▶ 山や峠を訪れる鳥たち

　山や峠では，主にタカ・ハヤブサ類や小鳥の渡りが見られる。特にタカの渡りは，ひと昔前まで半島や岬が観察場所の定番だったが，近年は白樺峠（長野県）や猪子山（滋賀県）などを筆頭に，内陸部の山や峠でも大規模な渡りが見られることがわかってきた。見られる種類は地域で異なるが，サシバ（写真1），ハチクマ，ノスリ，ハイタカ属のような森林性の種類だけでなく，チュウヒ類や海ワシ類，ミサゴなどの草原や水辺にすむ種類が見られることもある。山岳地帯のポイントでは，居着きのイヌワシやクマタカの出現によって，引き返したり急降下したりとパニックになる群れや，前日から付近にねぐらをとっていたタカがあちこちの梢に止まり，出発前に互いの様子をうかがうような，ほかではあまりない光景が見られる。

　小鳥もメインは森林性の種だが，山や峠は一般的に都市公園や離島などと比べて森林面積が広いぶん，鳥の密度は低いうえに，森も深くて観察しづらい。居つきのカラ類の混群に混じる小鳥を探すなどの工夫も必要だ。特に注目する環境は次の通りだ。

【木の実や草の種子が多い道路沿いや林縁部】
　大形ツグミ類，ヒタキ類，ホオジロ類，アトリ類，カラ類など，比較的開けた環境に出現する小鳥が集まりやすい場所。特に秋〜冬は自生するサンショウ類，ミズキ類，ウルシ類，ヤマブドウ，タラなどの実，イネ科やタデ科などの道路際に生える草本の種子に集まる小鳥が多く，要注目だ。こうした環境では，オオマシコやハギマシコといった人気の冬鳥も格段に出現しやすい。また，混んだやぶの中にはカヤクグリが，マツの木があればイスカの群れが見られることもある。珍鳥の出現率はほかの渡りが見られる環境と比べれば低いが，ヤマヒバリやシロハラホオジロなどが観察されることもある。

【樹冠が覆われた登山道や林道】
　こうした暗い林内ではマミジロやトラツグミ，コルリ，コマドリなど，主に森林内部に生息する種を観察しやすい。特に早朝や夕方の暗い時間には，開けた道路で採食する場面に遭遇することもある。

② **オオルリ雄成鳥** 5月 青森県（Hs）
山間の渓流沿いに10羽近くの雄が群れていた。繁殖期には見られない，春の渡りならではの光景

③ **タカや小鳥が多く渡る峠** 9月 青森県（Hs）
日中，ノスリやハチクマ，ハイタカ属，森林性の小鳥類は平野の上空はあまり通過せず，手前の山間部分を多く通過する。写真手前の牧草地では，時折ハイイロチュウヒなどが羽を休めることがある

【沢や渓流沿い】

オオルリ（写真②）やセンダイムシクイ，エゾムシクイなど，主に谷沿いで繁殖する種が見られる。特に移動中の小群によく出会える。

【山や峠に点在する開放的な環境】

山間で開放地？と思うかもしれないが，少ない開放地を求めて森林性以外の鳥が集結する開放地は，実は渡り鳥観察の優良ポイントだ。例えば，牧草地や自然草地ではチュウヒ類やオオモズなどが一時的に滞在する。伐採などで開けた空間にやぶが混在するような場所ではノゴマやセンニュウ類などが潜み，夜はヨタカが採食に利用することもある。高山帯の草地や裸地は，意外にもコミミズクやムナグロなどが利用する。

また，見通しがよいため，早朝に小鳥の群れが稜線や山腹に沿って渡っていく様子をよく観察できるだろう。例えば8月にはサンショウクイが100羽程度の群れで通過し，小鳥の渡りが活発になる10月ごろには大形ツグミ類やホオジロ類，アトリ類が期待できる。カラ類などは多いときで100羽単位の群れで森林の上空を渡り，アマツバメ類は空中を飛び交う。

ガンやハクチョウの飛来地周辺や，飛来地同士を結ぶ渡りのルート上に位置する地域では，隊列を組んで多数が山々を越えて渡っていく様子も観察される。

POINT ここだけは押さえたい，山や峠のポイント

渡り鳥が通りやすい山や峠の立地や地形には，どのような特徴があるだろうか？ 筆者らの経験では"ほどほどに高い"山や，大きな開放地に沿った山間で渡り鳥が多い傾向があるように感じている。標高の高い山脈や大きな湖沼，平野部を迂回して渡るためだ。

実際の観察地を例に考えてみよう。白樺峠は3,000m級の山々が南北に連なる北アルプスの南端付近にある。秋の渡り時期，日本列島を南西に渡る鳥たちが西へ行こうとすると，北アルプスが壁となり，結果として標高の低い白樺峠付近に集まると考えることができる。

この傾向はほかの場所でも当てはまり，大きな独立峰である鳥海山（秋田・山形県）では，山頂付近より山ろく側を通過する渡り鳥が多い。また，龍飛崎（青森県）の真南には十三湖や津軽平野が広がるが，ハチクマやハイタカ属，大形ツグミ類といった森林性のタカや小鳥はそちらではあまり見られず（西海岸沿いは多少通過），春秋とも東側に遠回りして山間部を通過する個体が多い（写真③）。ただし，上昇気流が大きく，高空に上がりやすいときや，飛距離を大きく短縮できる場合は，高い山や平野の上空を通過することはあるようだ。

大きな平野部の中でも，金華山（岐阜県）のような小高い山は上昇気流が生まれやすいのか，あるいは目印になりやすいのか，渡り鳥が集まりやすい。半島など，陸地が細くなった地形にある高標高地も同じような理由で狙い目だ。

さらに既に見つかっている観察ポイントに近いところや，その中間地点には優良なポイントがある可能性が高い。地図や航空写真で地形や環境を読みながら，通り道になっている場所を予測するのも楽しいだろう。

渡り鳥はここにいる ▶08

岬
渡り鳥が集まる海への出入口

text●先崎啓究

❶ 神島（三重県）から見た伊良湖岬（愛知県）　10月 三重県（Ts）　丘陵沿いから岬を経由して海上へ渡る鳥がよく見られる地形

▶ 岬を訪れる鳥たち

海に突き出した岬の先端部（写真1）は，海へと出ていったり，海からたどりついた渡り鳥が見やすいポイントだ。場所柄，渡っている途中の鳥が多く観察できるため，離島ほどではないが，内陸部より珍しい鳥が出やすい傾向があり，地域・立地・周辺の環境に応じてワシタカ類や小鳥類ともに多様な種が見られる。主に晴れた日の早朝から午前中にかけて，岬の先端部から海上へ渡っていくサシバやハチクマ，ノスリといった猛禽類が，旋回上昇した後に海上へ滑空したり，すでに高空を点々と流れていく様子が観察できるかもしれない。また，ヒヨドリやイカル，メジロ，アトリ，ヒガラなどの小鳥類も群れで海へと出ていく姿が観察できるだろう。昼前になって渡りが落ち

❷ 海上を北上するミツユビカモメ　2月 北海道（Sh）

着くと，付近の森林内では，渡りに備えて休息する小鳥類や猛禽類が，周辺の開放地ではタヒバリ類などの観察も期待できる。

岬では，国内で留鳥と考えられがちな意外な鳥の渡りを観察できることもある。例えば，筆者は秋季

の地球岬（北海道）でクマゲラや亜種シマエナガ，伊良湖岬（愛知県）ではカケスやヤマガラ，スズメなどが海へ飛び出したのを見たことがある。

さらに，岬は海に突き出ているため，時に海上を渡る海鳥を観察

できる。例えば, 北日本ではアビ類やウミスズメ類, ミツユビカモメなどがひっきりなしに移動する様子が見られたり(写真2), ハシボソミズナギドリやトウゾクカモメなどが識別できる距離で見られることもしばしばだ。また, 春季の北日本の日本海側では, 沿岸から海岸にかけて多くのセグロカモメが切れ目なく北上する姿が見られることもある。さらに秋季の西日本の岬では, しばしばグンカンドリ類が出現する。

国内にはさまざまな岬があるが, 見られる鳥の種類は場所によって異なる。小鳥類やタカ類の場合, より海上へと突き出た半島の先端にある岬のほうが, 多くの種類が見られるように思う。例えば伊良湖岬や佐田岬(愛媛県), 野母岬(長崎県)などがこれに当たる。

また, 渡りルート上で鳥の出入り口となる, 宗谷岬や白神岬(北海道), 龍飛岬(青森県)なども有名だ。その一方, 襟裳岬(北海道)や犬吠埼(千葉県)などは, 海鳥観察が有名だが, 小鳥類の詳細な渡りの傾向は知られていない。

POINT ここだけは押さえたい, 岬のポイント

実は岬の周辺に鳥が集まりやすい場所がある。それは, 岬付近にあるちょっとした谷の中や河川沿いの草地, 耕作地などの平地だ。このような場所では, 渡る前や渡ってきた直後に少しだけ降り立ち, 採食や休息を行う鳥が意外に多く, さまざまな種類が入れ替わり観察できる。特に雨などの悪天候の時が狙い目で, 渡りを中断した小鳥が群れごと地上や樹上で休息することもある。そういうチャンスに巡り会えた場合, 1羽ずつていねいにチェックすることをおすすめする。ハクセキレイ, アトリ, マヒワ, カシラダカ, ツグミといった普通種の群れに, コホオアカ, キマユホオジロ, シマノジコなどが混じることもある。日本海側ならヤツガシラやムネアカタヒバリ, 亜種タイワンハクセキレイ, ヒメコウテンシ, ツメナガホオジロ, ホシムクドリ(写真3)などが内陸部よりも観察されやすい傾向がある。

③ **ホシムクドリ** 4月 北海道 (Sh)
道北の海岸沿いで観察されたホシムクドリ。このような種が目撃される場所では, ほかの渡り鳥が見られる機会も多い

岬の渡りの1日

小鳥の渡り観察では, 風が弱く, 晴れた日の早朝から午前中が最適だ。どの鳥も動きが活発なため, 効率よく多くの種類を観察できる。タカの渡り同様, 定点観察がおすすめ。次々に上空を過ぎ去る小鳥を肉眼や, 時に双眼鏡や望遠鏡で追ってみよう。このような小鳥の姿は岬の先端部だけでなく, 半島から岬へ続く丘陵地の上空などでも見られる。継続して観察を続ければ, 通過する小鳥類の渡りコースがわかるかもしれない。

早朝の小鳥の渡りが落ち着き, 日が高くなると, 斜面などから上昇気流が発生する。そうすると現れるのが岬の渡り鳥の定番であるワシタカ類だ。また, ミヤマガラス(写真4)やツバメ類, アマツバメ類などはワシタカ類と同じ時間帯に群れで現れたかと思うと, あっという間に気流に乗って上昇し, 一直線に海に向かって飛び出す。観察しやすいのは決まって晴れた日の昼過ぎまでで, これはどの種も共通している。

午後になると渡りを中断して付近で採食や休息を行う小鳥類などが観察できることもある。そこで, 定点観察から, 散策路などを歩いて鳥を探す手法に変更することをおすすめする。コサメビタキやム

④ **ミヤマガラスとコクマルガラスの群れ** 11月 北海道 (Sh)

ギマキなどのヒタキ類などは夜間に渡るためか, 日中は岬周辺で観察される機会が多いように感じられる。

環境別, 渡り鳥探しのポイント集 65

渡り鳥は
ここにいる 09

text● 高木慎介

離島
大海原に浮かぶ，渡り鳥の休憩所

① フェリー航路から見た平島（鹿児島県）(Ts)

② ケイマフリ　5月 天売島（北海道）(Ts)
繁殖鳥の多い大きな離島であれば，外れたときでも普通のバードウォッチングは楽しめる。また，島の大小にかかわらず，固有種や海鳥が繁殖する島であれば，それも保険になる。天売島の場合，渡り鳥を外してもケイマフリやウトウなどの島で繁殖する海鳥を楽しめる

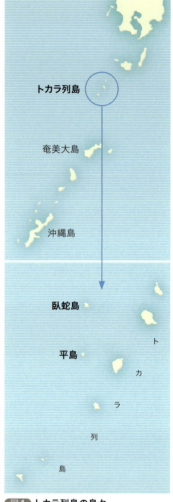

図1　トカラ列島の島々
渡りで有名な平島は列島の並びから西側に突出している。平島の北方にも西側に突出した臥蛇島（がじゃじま）があるが，無人島なので渡島のハードルは高い

▶ 離島を訪れる鳥たち

　大海原を渡る鳥にとって，離島は中継地として重要な，正に「渡りに船」ならぬ「渡りに離島」とでもいうべきスポットだ。離島の渡り観察地として昔から知られた2大巨頭といえば舳倉島（石川県）と対馬（長崎県）だが，この2つは面積が大きく異なる。前者が0.55km²なのに対し，後者は700km²もある。

ひと口に「離島」といってもさまざまな島があるのだ。一般に大きな離島ほど，鳥を見るときの環境の目の付けどころは本土と似てくる——そもそも，日本の本土自体が大きな離島の集団なのだ。では，どういった条件の離島が渡り観察に適しているのだろうか？

　日本には多くの島々が存在し，どの島でも渡りの観察は可能だが，狙う鳥によって適・不適はあ

る。もし単純に多くの種を見たいのであれば，多くの渡り鳥が通っていると考えられる日本海，九州の西側，大東諸島を除く南西諸島の離島に行くのがよいだろう。なお，南西諸島の場合，島々の並びから西に突出している島がより観察に適していると言われる。有名な例を挙げると，トカラ列島の平島（たいらじま）（図1，鹿児島県）や，沖縄島の西にある粟国島（あぐにじま）などだ。これらの島は

大陸により近いため，周囲の島より大陸から飛んできやすいなどと考えられているが，詳しい理由はよくわかっていない。

九州西側や日本海側でも，本土から遠いほうが大陸からの渡り鳥が多く渡来しそうだが，九州北部では本土から数km以内の離島でも多くの渡り鳥が見られることもある。必ずしも沖に出なければならない，という訳ではないようだ（岬でも離島と同等以上に鳥が出るところもある）。九州西側や日本海側では，陸からすぐそこの島が渡り鳥のホットスポットだった，ということもあるかもしれない。

島の大きさ

離島での探鳥では，大きな島，小さな島ともに一長一短がある。一般に大きな島であるほど，環境が多様で空間や食物のキャパシティが大きい。そのためか，小さな島より渡り鳥が長めに滞在する印象がある。また，そこで繁殖する鳥も多くなるので，渡り鳥で外れたときでも，普通のバードウォッチングは楽しめる（写真2）。その反面，鳥が島内各所に分散するため，見逃すリスクは増える。

一方，小さな島は効率的に鳥を見られるが，環境が貧弱で多くの鳥を維持できないため，島に降りてもさっさと抜けたり，渡りに好適な気象条件であれば降りずに通過することも多いと考えられる。しかし，悪天候など渡りに不適な条件だと，小さい島に集中して鳥が降りるため，こういったときは非常に効率的に多くの鳥を観察できる。つまり，小さな島であるほど当たると大きいが，外したときはまったく鳥がいない——ギャンブル性が高いのだ。

POINT　ここだけは押さえたい，離島（小さな島）のポイント

基本的にはその種の生息環境に近いところでの滞在が多いが，以下の点にも着目して探すとよい。なお，小さな島であるほど環境の多様性が乏しいため，本来とは異なる環境に出没することがある。

●水場
一般に小さな島ほど水資源に乏しい。水場で待つだけで鳥が入れ代わり立ち代わり飛来する（写真3）。

●海岸漂着物
海岸に漂着した海藻などに虫が湧き，それを捕食しに鳥が来ることがある（写真4）。セキレイ類などのほか，付近に林がない場所でもコサメビタキやオジロビタキなどのヒタキ類がいることもある。海岸漂着物に限らず，堆肥置き場やゴミ捨て場など，虫が湧く場所は要チェックだ。

●校庭・ヘリポート・港
島によっては，こういった場所ぐらいしか開放地がないところもある。ヒバリ類やセキレイ類，草地性のシギチなどが入る（写真5）。

●孤立木・孤立林
逆に開放地ばかりで木や林が少ししかない島もあり，これらの場所に森林性の鳥が集まることがある。

3 水場にやってきたセンダイムシクイ
9月 舳倉島（石川県）（Ts）
水場で身を潜めて待つと，通常は見づらいムシクイ類なども比較的好条件で観察できる

4 漂着物に湧く虫を食べるシベリアムクドリ（左）とコムクドリ（右）
5月 天売島（Ts）
食物資源に乏しい離島では，虫が湧く場所は要チェック

5 港脇の草むらから飛び出したジシギ類　5月 舳倉島（Ts）
おそらくチュウジシギ。本土では田んぼの鳥のイメージだが，離島ではちょっとした草むらなどにいることもある。より湿った環境を好むタシギですらそのような環境で見られることもある

渡り鳥は
ここにいる ▶10

text● 原 星一

海岸林
人の暮らしを守る林が，渡り鳥を迎える海辺の緑となる

❶ **クロマツが主体の海岸防風林**　5月 秋田県（Hs）

❷ **オオムシクイ**　5月 新潟県（Hs）
春の渡りの終盤となる5月下旬の数日間，（写真1）の場所を含む秋田県〜新潟県の海岸林のあちこちから，さえずりが響きわたっていた

▶ 海岸林を訪れる鳥たち

　海沿いの地域では，海からの波風を防ぐためにクロマツなどが植栽された海岸林（砂防・防風林）がところどころにある。元は人の生活を守るための林であるが，渡り鳥観察にもうってつけの環境だ（写真1）。

　海岸林では主に森林性の小鳥類が観察され，夏鳥ではクロツグミ，コサメビタキ，オオルリ，キビタキなどのツグミ類やヒタキ類，センダイムシクイ，メボソムシクイ上種などのムシクイ類（写真2）などがよく観察され，チゴモズやサンコウチョウ，アリスイなどが出現する地域もある。冬鳥では大形ツグミ類，ホオジロ類，アトリ類などが観察され，特にマツの実を主食とするイスカはほかの環境よりも出現率が高く，大群が見られたり，毎年繁殖までしている地域もある（写真3）。

　クロツグミやコサメビタキ，サンコウチョウといった主に低山の森林で繁殖するいくつかの種の場合，

3 イスカの群れ 4月 秋田県（Hs）
クロマツの種子を食べに降りたりしながら，数十羽の群れが次々と北上していった。この冬はイスカが当たり年だったせいもあり，春には海沿いのクロマツ林にたくさんのイスカが出現した

4 チゴモズのペア 5月 山形県（Hs）
飛来直後は頻繁に鳴くなどの行動のためよく目に付くが，抱卵時期になると気配が少なくなる。海岸林は通過の飛来が大半と思われることもあるようだが，意外に繁殖個体も見つかる

渡り個体だけではなく繁殖個体の数も多い。チゴモズやアリスイなど，ほかでは数の少ない種の繁殖地になることもあるので，渡りの時期にそれらの鳥に出会ったら，観察を継続するのもよいだろう。

また，夜間も上空を渡る小鳥の通り道になりやすいため，そのフライトコールを聞くことができ，コノハズクやオオコノハズク，ヨタカといった夜行性の鳥も各地で観察されている。

POINT ▶ ここだけは押さえたい，海岸林のポイント

　一般に太平洋側より日本海側で鳥が多い。日本海側は大陸に近いため渡りルート上に位置しやすく，森林性の渡り鳥の多くが通過しそうなことなどが理由として考えられる。海岸林で最もよく見かけるのはクロマツ主体の砂防林だが，その面積や樹齢，間伐具合，下草や低木層の管理の仕方などがさまざまで，それによって鳥の種類や数も違う。狭すぎると渡り鳥に無視されるし，逆に広すぎると分散して密度が低くなり，観察が難しい。

　また，内陸側に森林が広がる地域だと，そちらに渡り鳥が分散しやすくなるため，市街地や広い農耕地に近い海岸林のほうが，鳥が集まりやすい。特に岬や半島に近く，渡り鳥が通りやすい位置にあるとなおよい。例えば，普正寺の森（石川県）は日本海と金沢の市街地に挟まれ，さらに能登半島の付け根付近にあるため，まさにこの条件に合致する場所だ。こういった面は渡り鳥が多く見られる都市公園の特徴と共通する。

　林相の面では，木が大きく成長し，樹冠がふさがるような場所で森林性の小鳥が多い。マツ林は林床に光が届きやすく，樹冠がふさがっていても林内は比較的明るく感じるが，暗い環境を好むサンコウチョウやクロツグミなども普通に見られる。一方，農地に接したり，木が枯れてまばらとなった林では，アカハラやチゴモズ（写真4），アリスイといった開放地を好む種を狙いやすく，林床が草やぶになっていればノゴマやヤブサメ，コマドリなどが潜むこともある。

　海岸林は平坦な地形であり，そのうえ土壌が砂地のせいか，鳥が利用できる水場は少ない。逆にいえば，その数少ない水場があれば鳥が集まりやすいので必ずチェックしよう。雨上がりに未舗装道路の上にできた水たまりにさえ，結構な数の小鳥がやってくる。

　なお，海岸林における害虫の被害対策として，空から薬剤をたくさん撒いている光景をよく目にする。しかしその林に鳥がいないというわけでもなく，普通に渡り鳥を観察できる。一方，間伐などの手入れが行き届かず，細い木がひしめき合って林内に空間がなかったり，逆に手入れをしすぎて林内の下層植生や低木層，亜高木層が貧弱すぎる林では，昆虫などの食物が少ないためか鳥影も少ない。

渡り鳥はここにいる 11

都市公園
コンクリートジャングルの中の緑が鳥を呼び寄せる

text●梅垣佑介

1　上空から見た都市公園（左：大阪城公園　8月 大阪府）と都市公園で人気の高いサンコウチョウ（右：5月 大阪府）（Uy）
渡り鳥は高層ビルに囲まれた緑地を見つけ，休息のために降り立つのだろう

▶ 都市公園を訪れる鳥たち

　ニューヨーク・マンハッタン島の中央部に，広大な緑地と水辺をもつ有名な公園，セントラル・パークがある。巨大都市の超高層ビル群に隣接するこの公園では，驚くべきことに200種もの野鳥が毎年記録される。都市部にぽつりと存在する公園に多くの野鳥が生息する現象は「セントラル・パーク効果」と呼ばれる。この現象からは，渡り鳥が緑地や水辺の位置を眼で確認して休息に降りること，そして無機質な都市に囲まれた都市公園は，まるで絶海に浮かぶ孤島のように渡り鳥を呼び寄せるということがわかる。

　渡り鳥がなぜ都市公園を利用するか，大阪平野を例に考えてみよう。大阪平野は三方を山，西方を海に囲まれる。南東方向に紀伊山地，北東方向には鈴鹿山脈や比良山地，琵琶湖があり，鳥の渡りルートになっている。しかし，空中写真で見ると，大阪平野は緑地が極めて少ない。代表的な都市公園である大阪城公園（写真1, 2）は，大阪市のほぼ中央に位置し，約100haの面積に森林や芝地，水辺などの環境がある。約5km離れて鶴見緑地，約8km離れて長居公園があるほかは高層ビル街や住宅地が広がっている。大阪市の面積は225km^{2}だが，3つの公園を足してもわずか2.9km^{2}である。このように，周囲に緑地がごくわずかしかない場合，多くの渡り鳥が燃料補給のため都市公園に降り立つようだ。

　都市公園の環境は人為的に作ら

2　都市公園の様子
9月 大阪市（Uy）
人の手で整備される都市公園は歩きやすく，鳥が見やすい。この場所ではヒタキ類やムシクイ類，ツツジの低木で小形ツグミ類などが多く見られる

❸ やぶに潜むノゴマ　10月 大阪市 (Uy)
都市公園で比較的見やすい

❹ カラアカハラ　2月 堺市 (Uy)
トウネズミモチの実の採食に訪れた。都市公園や街路樹には実のなる木が多く植栽されており，多くの鳥にとって貴重な採食場所になる

れたものだ。植栽は時代による流行があり，地域によっても異なる。例えば大阪城公園の場合，樹種はクスノキとケヤキが多く，こういった高木からなる林は渡りの時期にアカハラ，クロツグミ，マミジロなどの大形ツグミ類や，オオルリ，キビタキ，サメビタキ属などのヒタキ類，センダイ，エゾ，メボソ，オオなどのムシクイ属やサンコウチョウ(写真1)が利用する。

また，大阪平野では数十m四方のごく小さな公園でも，渡り時期にオオルリやキビタキ，ムシクイ属などが見られるが，林内を好むフクロウ類，アカショウビン，ジュウイチ，マミジロなどは，ある程度面積の大きな公園のほうがよい。林内の明るさや位置によって利用する鳥は異なり，例えばマミジロやエゾムシクイは暗い林内でよく見られ，暗い林床は大形ツグミ類が採食に使うことが多く，林縁ではコサメビタキやエゾビタキがフライングキャッチをくり返す。林床にツツジ類やアオキの低木，またはササやぶがある場合，やぶを好むウグイス，ヤブサメ，コマドリ，コルリ，ノゴマ(写真3)などが利用することが多い。

さらに都市公園には，美しい花を咲かせるソメイヨシノなどのサクラ類が多い。サクラ類を好む毛虫(ガ類の幼虫)は，ホトトギス，カッコウ，ツツドリなどのトケン類にとって格好の食物になる。花が散って人通りがまばらになったサクラ林でひっそりと採食するトケン類を見ることは少なくない。

実のなる木の植栽が多いのも都市公園の特徴だ。動物質の食物が少なくなる晩秋〜冬に実をつけるネズミモチ，トウネズミモチ，クロガネモチ，ピラカンサ，カキ，ナナカマドなどの実は多くの野鳥を惹きつける。都市公園で鳥を探すときは，こういった実のなる木を見つけておくと，大形ツグミ類やレンジャク類などを見つけやすい。また，実のなる木には思わぬ珍鳥(写真4)が訪れることもある。

POINT ここだけは押さえたい，都市公園のポイント

都市公園に渡り鳥が集まる条件は，①林ややぶなどからなる緑地の面積がそれなりにあること，②周囲にほかの緑地が少ないこと，③山地からある程度近いか，夏鳥の渡りルート上に公園が位置していること，であるようだ。大阪平野と比べて，関東平野の都市公園は渡り鳥が少ないといわれるが，これは関東平野の都市公園のほうが山地からの距離が遠いうえに，山の東側(＝夏鳥の渡りルートの先)に位置していること，大きな緑地のある公園が多く，鳥が分散することが理由として考えられる。

離島との違い

周囲を人工物に囲まれた都市公園には，まるで海に浮かぶ離島のように，多くの渡り鳥が降りる。時には思わぬ迷鳥が見つかることもあり，ヤマショウビン，カンムリカッコウ，ウタツグミ，ミヤマヒタキが見つかった都市公園もある。しかし，離島とは渡り鳥の出現のパターンが異なるようだ。

離島だと渡り鳥の出入りが少ない向かい風や雨天のような悪天候でも，都市公園だと鳥の出入りがあることが多い。これは，都市公園を利用する渡り鳥が比較的短距離の渡りであることと，陸地を渡るぶん，悪天候時に渡るリスクが海上より小さいことが理由だろう。つまり，都市公園で迷鳥が見つかった場合，離島であればしばらく留まりそうな悪天候であっても，翌日までいてくれる保証はないのだ

環境別，渡り鳥探しのポイント集　71

Column 4

夜間の渡り時に鳴く鳥・鳴かない鳥

text●先崎理之

①　太平洋上を渡るツツドリ？　9月 北海道恵山沖（Sm）　22時台に撮影。彼らの渡りはいつも単独だ

鳴く鳥と鳴かない鳥の違いは？

　日中に渡り鳥を眺めていると，多くの種が群れになり，にぎやかに鳴きながら渡っているのに気づく。例えばツバメ類，ヒヨドリ，カラ類，メジロ，アトリ類，ホオジロ類などだ。一方，あまり鳴かないのはキツツキ類や猛禽類など一部である。それでは観察が難しい夜間に渡る鳥の場合，どんな種が鳴き，どんな種が鳴かないのだろうか？

　そこで9月下旬～10月初旬，北海道恵山沖，襟裳岬沖，釧路沖に停泊する漁船から，20〜22時ごろに漁灯に照らされる渡り鳥を観察してみた。するとマミチャジナイ，トラツグミなどの大形ツグミ類はかなり頻繁に鳴きながら渡り，アカエリヒレアシシギなどのシギ類，コサメビタキ，キビタキなどのヒタキ類，ハクセキレイやキセキレイなどのセキレイ類も鳴く頻度が高かった。一方，キジバト，アオバト，カッコウ類，シマセンニュウでは鳴く個体はいなかった（写真1）。観察例は少ないが，クイナ，アオバズク，コミミズク，ヨタカも鳴かなかった。

　それでは，鳴く種と鳴かない種の違いは何だろうか？ 単に，種や系統関係の違いと言えばそれまでだが，筆者は群れるかどうかの違い，と感じている。前述の鳴く鳥は，日中に渡る種ほど密集はしないものの，たいてい数羽から十数羽のルーズな群れで渡っていた。それに対して，鳴かない鳥はたいてい単独で渡っていた。鳴き声は個体間の意思疎通に使われているのかもしれない。

　また，直接・間接的な証拠から，おそらく多数が夜間に渡るという感触があるものの，夜間に鳴くのか，群れで渡るのかどうかわからない鳥も実は多い。代表的なのがムシクイ類だ（写真2）。これまでの洋上での夜間観察では，時期的にムシクイ類が少なく，十分観察できていない。陸上の夜間観察でも，エゾムシクイの一度を除き，ムシクイ類の声を聞いたことはない。以上からムシクイ類は単に鳴かない種群である可能性もあるが，引っ掛かるのは日中に観察した際，彼らが渡り時期にルーズな群れになっている点だ。これまでの観察でムシクイ類を見落とし（聞き逃し）ていたのか，声を認識できていないのか，はたまた渡っている時間帯や高度が違うのか，あるいは日中は群れるが夜間は単独で渡るので鳴かないのか――決着はまだついていない。

②　夜間に漁船に飛び込んできたメボソムシクイ上種　9月 北海道釧路沖（Sm）
この日は単独で渡るムシクイ類を複数確認したが，鳴かなかった。離島では一夜明けるとムシクイ類が激増することがあり，彼らが夜間に渡ることは間違いないだろう

オオタカ成鳥　11月 北海道（Sh）

第4章 渡り鳥探しの
目の付けどころ

移動のルートも，見つかりやすい環境も
わかったのに渡り鳥に出会えない──
渡り鳥と出会うには，場所の情報だけでは
足りないということなのかもしれない。
あるいは，渡り鳥はいるのに気づいていない
だけかもしれない。ここでは場所以外に
目を付けるべき，渡り鳥に出会いやすくなる
いくつかのポイントを伝授しよう。

オオルリ雄　4月 舳倉島
（石川県）（Ts）

| 01 Weather | 渡り鳥を効率的に探すには？ | 02 Birdcall |

気象条件に注目しよう

text●高木慎介

1 モウコアカモズ第1回冬羽　9月 舳倉島（Ts）
本個体を発見した2013年9月6日の舳倉島は晴天だった。しかし写真撮影日である発見の翌日は雨で，発見の前日まで北陸地方では数日，雨や曇りが続いたようだ。本個体の渡来・渡去日は不明だが，雨を避けるために島に降りたのかもしれない

バードウォッチングと関連する気象現象と言えば，
台風を思い浮かべる人が多いのではないだろうか？
確かに台風は南方から迷鳥を運ぶこともあるが，渡り鳥の観察では，
もっと日常的な現象のほうが重要だ。
ここでは渡り鳥と気象について紹介する。

風に着目

　鳥の渡りには，風の「向き」と「強さ」が大きくかかわる。アメリカの北東部沿岸で行われた，レーダーを用いた調査では，秋に北西の風が吹くと渡り鳥が飛び立ち，大西洋上を南東方向へ飛んだ後，バミューダ諸島を過ぎたあたりで北東から吹く貿易風に出会い，今度はその風に乗って南西に飛び，南アメリカ北岸に飛んでいくことが観察されている[1]。渡り鳥は風をうまく利用することで，少ないコストで長距離を渡っているのだ。つまり，渡りに都合のよい風が吹いているかどうかを把握すれば，ある程度，渡り鳥の行動が読めることになる。
　それでは"渡りに都合のよい風"とは何だろう？ 基本的な考え方は，

74

| 03 Season and Time | 04 Year |

図1　追い風なら，体力の消耗を抑えられる

図2　向かい風（逆風）では体力の消耗が増える

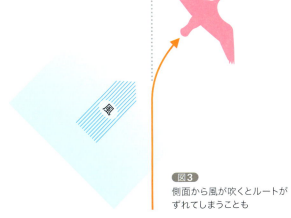

図3　側面から風が吹くとルートがずれてしまうことも

渡りの進行方向と同じ向きに風が吹けば，渡り鳥は容易に目的地に向かって飛ぶことができ，反対向きの風では妨げられるということだ（図1，2）。どの風向きが適切かは，渡りのルートによって異なり，どういった風況なら渡り観察の好条件となるかは立地条件によって異なる。例えば，大海原への出発地点となる場所では，渡りに都合が悪い風が吹いたときのほうが，渡り鳥がたまりやすく，観察には向いている。逆に，大海原を超えた後の到着地点となる場所では，渡りに都合のよい風のほうが鳥は集まってくるだろう（あまり条件がよいと，観察地点を飛び越えることもあるかもしれないが）。

また，風は迷鳥の渡来にもかかわっていて，強い順風で目的地を大きく飛び越え，本来の分布を外れて記録されるケース（オーバーシューティング）や，渡りの進行方向の側面から強い風が吹いてルートが風下に反れるケース（漂行）もある（図3）（→p.88, p.112）。

雨に着目

雨もまた，渡りに重要な要素だ。よく「雨が降ると，渡り鳥がたまる」というように，離島などで雨が降って，渡り鳥が急に増えた経験をしたことのある人もいるだろう。実際，鳥は雨で羽毛が濡れると飛翔能力が低下したり，体力を消耗しやすくなって地上に降りると考えられる。また，実際に雨が降らなくても，"今にも雨が降りそうな曇天"で降りてくることがある。例えば，カシラダカを用いた室内実験では，湿度50％と80％の条件下において，50％では渡り衝動が起きたのに対し，80％では起きなかったという結果もある[*2]。

01 ● Weather

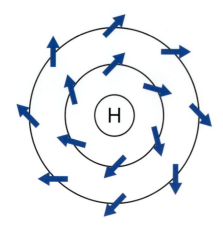

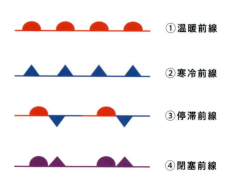

図4 地上付近の高気圧の風の吹き方
上空では等圧線に沿って，高気圧は時計回り，低気圧は反時計回りに風が吹く。地上付近では地表面からの摩擦によって気圧の低いほうに風は曲がり，高気圧では図のように，等圧線を横切って吹き出すように風が吹く。低気圧ではその逆で，吹き込むように吹く。陸上と海上では陸上のほうが摩擦力が大きく，陸上で等圧線を横切る角度は約30〜45°，海上は15〜30°となる

図5 前線の種類と天気図での記号
①温暖前線：暖気の勢いが強いときにできる
②寒冷前線：寒気の勢いが強いときにできる
③停滞前線：暖気と寒気の勢いが均衡しているとできる。梅雨前線や秋雨前線がこれに当たる。暖気と寒気の均衡が崩れると温帯低気圧となる
④閉塞前線：寒冷前線が温暖前線に追いつくとできる

天気図を見てみよう

　雨をもたらす低気圧や前線は風と関係があり，雨と風の状況の組み合わせから渡り鳥の動きを予測することもできる。それには天気図を見るとよいので，ここでは最低限の知識を簡潔に説明する。おおよそ以下のことを知れば，天気図を見てある程度，雨や風の動きがイメージできるようになるだろう。

・風は気圧の高いところから低いところへ吹き，北半球の地上付近では，高気圧で時計回りに風が吹き出し，低気圧には反時計回りに風が吹き込む(図4)。
・等圧線の間隔が狭いほど，風は強い。
・日本付近では上空の偏西風によって天気は西から東へ移動する。

・前線は暖気と寒気がぶつかり合うところに発生し，4種類ある(図5)。
・温帯低気圧は温暖前線(東側)と寒冷前線(西側)を伴い(図6)，発達すると閉塞前線ができる。

　以上を踏まえたうえで，筆者が経験した実例を紹介しよう。春の薩摩半島(鹿児島県)では，南西諸島から北上する鳥と，中国東部から東進する鳥が通過すると考えられるので，風向きは南，もしくは西寄りの風であることが重要だ。さらに，観察地より北側や東側が好天だと，鳥がそちらへ一気に抜けてしまう可能性が出てくる。北か東側に低気圧や前線があるとよいだろう。なお筆者は，風向きがいちばん大事で，都合のよい位置に雨雲があればなおよし，という印象をもっている(長時間海上を渡っ

て疲れた鳥は，雨雲の有無にかかわらず，陸地を見つけると降りてくると考えているため)。

　そこで2006年4月22日の天気図を見てほしい(図7)。温帯低気圧が鹿児島県の上空を通過している。図6で示したように，温暖前線と寒冷前線の間は南西の風が吹くため，薩摩半島では数時間前に南西の風が吹き，寒冷前線の通過後に北西の風に変わる。つまり，北上する南西諸島の鳥と，東進する大陸の鳥のどちらにも好条件だったと考えられる。さらに，前線によって北あるいは東方向へ鳥が通過しないようにブロックされている点も理想的だ。翌朝，筆者が薩摩半島南部を回ると，多数のタイワンハクセキレイ，キガシラセキレイ，コホオアカ，キマユホオジロ，オウチュウなどを観察した。

気象条件に注目しよう

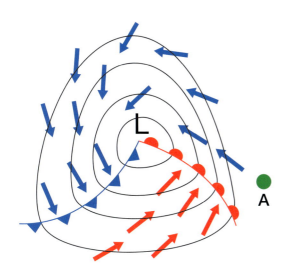

図6 温帯低気圧と風向き
温帯低気圧は温暖前線と寒冷前線を伴う。低気圧の周囲は中心に向かって反時計回りに風が吹きこむように吹く。両前線の北側では寒気（青矢印），南側では暖気（赤矢印）が流入する。低気圧は西から東に移動するので，地点Aでは最初，南東の風が吹き，温暖前線の通過後，南西の風に変わり，寒冷前線の通過後は北西の風に変わる

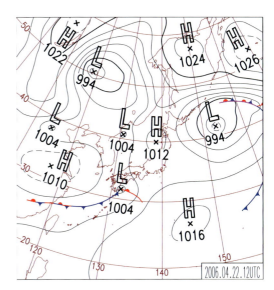

図7 2006年4月22日（日本時間21時）の天気図
（原典：気象庁「天気図」，加工：国立情報学研究所「デジタル台風」http://agora.ex.nii.ac.jp/cgi-bin/weather-chart/show.pl?type=js&id=2006042212&lang=ja）
慣れないうちは風の動きをイメージしづらいかもしれないが，高気圧は時計回りに等圧線を横切る形で吹き出し，低気圧は反時計周りに等圧線を横切る形で吹き込む，という原則からイメージするとよい。等圧線が複雑に曲がっていても，考え方は一緒

　春秋の渡りの時期は，大陸から移動性の高気圧が低気圧と交互にやってくるので，ある程度，周期的に気象が変化する。観察種や時季，観察地に合わせて，適した風向や雨雲の位置のときに出かけるとよいだろう。なお，春と秋を比べると，繁殖地へと急ぎたい春のほうが，少々厳しい条件でも渡る鳥が多いように感じる。

気温に着目

　気温も渡りの動向に重要な影響を与える。例えばツバメは，約9℃の等温線に沿って北上，あるいは南下することが知られている。これは食物となる羽虫の出現が気温と関係するからと考えられている[*2]。北日本では，カモ科の鳥がねぐらや採食場が結氷，あるいは積雪で使えなくなると南下し，逆に春の渡りでは雪解けに合わせて北上する。草地性でネズミ類を好む猛禽類にとっても，積雪は採食にネガティブに働き，極東ではケアシノスリが積雪とともに南下し，雪解けとともに北上した例がある[*3]。つまり，北方の気温の低下や積雪の状況を知れば，南方へ来るかを予想できるのだ。カモや猛禽に限らず，寒波が到来してよく冷えた日の朝に外へ出ると，家の周りのツグミが増えている，ということもよくある。北の地域が冷えると，それを嫌がる冬鳥が南に逃げてくるのだろう。また，標高の高い場所から低い場所へ下りてくる場合もあると考えられる。

2 ケアシノスリ幼鳥　1月 宮城県 (Ts)
雪原にケアシノスリはよく似合うが，積雪すると探餌が難しくなるようだ

渡り鳥探しの目の付けどころ　77

| 01 Weather | 渡り鳥を効率的に探すには？ | 02 Birdcall |

鳴き声に敏感になろう

text●梅垣佑介

1 鳴き声で存在に気づきやすい鳥たち（Uy，撮影は大阪府）
（左上）ツツドリ　9月，（右上）コルリ　4月，（左下）メボソムシクイ　5月，（右下）ヤブサメ　4月
ツツドリは「ポポ, ポポ」，コルリは「チッチッチ, ヒーチョイヒーチョイ」，メボソムシクイは「チョチョチョリ, チョチョチョリ」，ヤブサメは「シシシシシ…」。木々に青々とした葉が茂る初夏，これらの夏鳥の存在に鳴き声で気づいたことがある人は多いだろう

渡り鳥を見つけるとき，渡り鳥を識別するとき，
どちらの場合にも大事な特徴は鳴き声だ。
鳴き声に注目することで，渡り鳥観察の楽しみ方がどれだけ広がるのか，
具体例とともに見てみよう

鳥は鳴き声が7割？

あなたは何を頼りに鳥を探すだろう？——バード"ウォッチャー"というだけあって，目で探そうとする人が多いかもしれない。鳥が動いたときの枝葉のかすかな動きや，微動だにせず目立たない鳥のシルエットを見つける達人のような人もいる。

しかし，実はベテランであるほど，視覚以外の感覚に頼って鳥を探している。ある人は「7割くらいの鳥は鳴き声で見つける」という。実際，鳴き声は鳥を見つけたり識別するうえでとても有用だ。ここでは渡り鳥の見つけかた・楽しみかたの1つとして鳴き声に注目しよう。

| 03 Season and Time | 04 Year |

❷ 飛びながら鳴く鳥たち　左：ヤイロチョウ　6月 滋賀県（Uy），右：ツメナガセキレイ　10月 沖縄県（Uy）
バーダー垂涎の的のヤイロチョウは，中部地方以西の山沿いで初夏に「ホーヘン，ホーヘン」と鳴き声が夜空から降ってくることがある。
ツメナガセキレイは，田んぼにいても存在に気づきにくいが，特徴的な「ビジュ，ビジュ」という声で気づくことが多い

鳴き声で「気づく」

　鳴き声に注目するメリットの1つは，鳴き声で存在に気づくことが多い点だ。特に春の渡りでは，ふだん茂った木の中にいて見えづらい鳥や，やぶの中の潜行性が強い鳥であっても，自分の存在をほかの個体に知らせるため，特徴的な声でさえずることがある。その代表がトケン類や小形ツグミ類，ムシクイ類，センニュウ類，ヨシキリ類などだ。サンショウクイ，ヤイロチョウのように，飛びながらよく鳴く種もいる（写真❷）。これらは"空から降ってきた"声で存在に気づく人も多いだろう。

　一方，秋の渡りは春のような華やかさはないものの，特徴的な声で鳴く鳥がいる。その代表がセジロタヒバリだ。本種は数は少ないが，9月中旬〜10月上旬にかけて本州や九州を通過する。地面に降りている姿を見るのはとても難しいが，飛行中に「チュッ」というセッカとキセキレイを足して2で割ったような声で鳴く。秋の田んぼで「チュッ」と鳴きながら飛ぶタヒバリ類を見たら，本種の可能性が高いだろう。そのほかにも，「ビジュ」という声とともにツメナガセキレイが飛んできたり（写真❷），冬の水田でタヒバリの群れが飛んだと思ったら，「チィーッ」という声でムネアカタヒバリが混じっていることに気づく場合もある。タヒバリ類やセキレイ類は声で存在に気づきやすいので，彼らが飛翔時に出す声を知っておこう（地鳴きの中でも特に「フライトコール（flight call）」と呼ばれる）。

鳴き声で「識別する」

　渡り鳥観察で鳴き声に注目するもう1つのメリットは，類似種の識別において，鳴き声の特徴がしばしば役立つことだ。

　例を挙げよう。アムールムシクイ（以下，アムール）とエゾムシクイ（以下，エゾ）は，さえずりの違いなどに基づき，近年は別種として扱われることが多くなった。裏を返せば，さえずり以外の決定的な違いは見つかっていない。しかし，両種のさえずりはまったく異なり，エゾが「ヒー・ツー・キー，ヒー・ツー・キー」という高・中・低の順に声をくり返すのに対し，アムールは「フィリフィリフィリフィリ……」とか「シリシリシリシリシリ……」と一定のトーンで，まるで虫のような声で鳴く。姿で識別できなくても，さえずりを聞けばすぐにどちらかわかる。

　また，近年3種に分けられたメボソムシクイの仲間（メボソムシクイ，オオムシクイ，コムシクイ）もさえずりが異なる。コムシクイが「チョチョチョチョチョチョ……」と似た音をくり返すのに対し，オオムシクイは「チョチョリ，チョチョリ」または「ジジロ，ジジロ」と聞こえる3音節の比較的単調な声，メボソムシクイは典型的なものが4音節の「チョチョチョリ，チョチョチョリ」と豊

渡り鳥探しの目の付けどころ　79

02　Birdcall

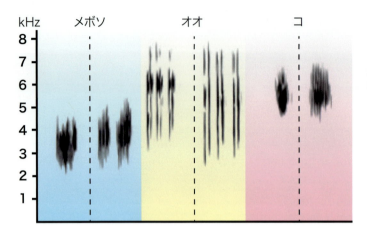

図1　左からメボソムシクイ，オオムシクイ，コムシクイの地鳴きのサウンドスペクトログラム
Alström et al. (2011) に基づいて作図。サウンドスペクトログラム（声紋）は，無料のソフトウェアでも作成でき，音の特徴を可視化できる。外見が酷似するメボソムシクイ上種だが，メボソムシクイの地鳴きが3〜5kHzと最も低く，コムシクイは4.5〜7.5kHzと高め，オオムシクイは3〜7.5kHzと音域が広いという特徴がある。サウンドスペクトログラムを見ながら実際の鳴き声を聞き比べることで，野外で聞いたときにどの種が出した声か瞬時にわかるようになる

かな鈴のような音色だ。メボソムシクイのさえずりは地域変異があり，3〜5音節のさえずりがあるが，音質は変わらないため，慣れれば識別できる。

ムシクイ類はさえずりだけでなく，地鳴きも種ごとに異なる。例えば，エゾとアムールはどちらも「ピッ」や「ヒッ」と聞こえる短い声だが，音の高さはアムールが約6kHz，エゾが約4.5kHzと，アムールのほうが高い。また，メボソムシクイ上種はコムシクイが「ヴィッ」と聞こえる最も高い声で，メボソムシクイは「ギュッ」と低くひねり出すような声，オオムシクイは3種で最も音域が広い「ジッ」という声だ[*1]（図1）。特徴的なさえずりに注目されがちだが，地鳴きの違いを知ることで，識別できる鳥の種数は格段に多くなる。

似た鳴き声を覚えよう

似た鳴き声の違いがわかれば，確認できる鳥の数は劇的に増える。例えば，暗いササやぶから「チッ」という声が聞こえたとき，「アオジだろう」と思って通り過ぎるか，それとも「少し金属的に聞こえた。クロジかも」と立ち止まって確認するのとでは，どちらが多く鳥を見られるか，言うまでもないだろう。特にヨシキリやセンニュウ類のチャッ系・タッ系の声，大形ツグミ類のシーッ系の声，ホオジロ類のチッ系の声などは，基本種の声を知っておくだけで，それ以外の種を発見できる確率がぐんと上がる。基本種としてオオヨシキリ・コヨシキリ，アカハラ・シロハラ・ツグミ，アオジ・カシラダカ・ホオジロなどの声は，ある程度わかるようにしたい。

野外で聞いたことのない声を耳にした場合は，どの鳥が鳴いているのか自分の目できちんと確認することが大切だ。実際に鳥の嘴が声に合わせて動いている状態を観察することが鳴き声を覚えるいちばんの方法になる。また，録音した鳥の声を調べたり，旅先で聞く可能性のある鳥の声を予習したい場合には，音源を公開しているホームページを調べるのがよいだろう。中でも，国内に生息する種についてはNPO法人バードリサーチの鳴き声図鑑[*1]，国外も含めてならXeno-canto Foundationによる鳥の声の紹介ページ[*2]で，驚くほど多くの鳥の声を調べられる。

鳴き声を録音して分析しよう

声の聞こえ方は主観的な感覚なので，人によって異なる。鳥の声を文字にした「聞きなし」が図鑑によって異なるのはそのためだ。文字にした声が人によって異なるなら，声を録音して再生可能にすればよい。識別に役立つこともあり，最近は録音機を持ち歩くバーダーが増えている。

数多く販売されている録音機の中でも，リニアPCMレコーダー[*3]は高音質で録音でき，小型で持ち運びに便利な点が人気だ。録音時の音質はもちろん，取り付けられる外部マイクやマイクの風防のほか，録音した声をその場で再生可能か，などを基準に選ぶ人が多いようだ。

鳴き声に敏感になろう

❸ 左：**アカハラ** 5月 大阪府（Uy），右：**マミチャジナイ** 5月 大阪府（Uy）
ビギナーには識別が難しい両種だが，外部形態以外にフライトコールも異なる。マミチャジナイのフライトコールを覚えると，平野部でも時期によって多くが通過していることがわかる

　録音した音声ファイルはパソコンに取り込み，サウンドスペクトログラム（声紋）を作れば，音の特徴を見える形で客観的に示せる。サウンドスペクトログラムとは音の周波数や強度の時間的変化をグラフ化したもので，どれくらいの周波数の音がどれくらいの時間発せられているのかを視覚化できる。「今のは"チャッ"と聞こえた」「いや"タッ"だ」――と揉めることはなくなるのだ。

　サウンドスペクトログラムを作るソフトウェアは複数あるが，筆者のオススメは米国コーネル大学の鳥類学研究所が学生や教育者，趣味のバーダー向けに無料で配布している「Raven Lite」と呼ばれる音声解析ソフトウェアだ[4]。これを用いれば，MP3やWAVなどさまざまな保存形式のファイルを解析できる。

夜の鳴き声

　鳴き声による識別に慣れてくると，夜の時間帯でも渡り鳥を調べることができる。本書で紹介しているように，渡り鳥の多くは夜に渡る。静かに渡る鳥も多いが，中には独特の声を発しながら夜空を渡る鳥も多い。

　夜の渡りの際に発する声はnocturnal flight call（NFC）と呼ばれ，欧米ではNFCを用いて渡りを明らかにする試みが広がっている。例えばイギリス南西部ドーセット州の渡りのメッカ，ポートランド・ビル（Portland Bill）では，これまで稀な渡り鳥と考えられてきたズアオホオジロが，NFCを調べると夜間にかなりの数が渡っていることがわかった。ほかにも，ヨーロッパビンズイや北米産のチャツグミ属の鳥は夜間に鳴きながら渡っていくため，日中より容易に確認できるといわれる。日本でもホトトギス，ジュウイチ，ヤイロチョウ，大形ツグミ類などはNFCによって渡りを実感できる典型だ。

　夜の鳴き声を調べる場合，日中とは違って聞こえることがある点に注意したい。我々は普通，地面や木々などに複雑に反射して耳に届く声を聞き慣れているし，声の主を特定するときは，ほとんど意識しないうちに環境や鳥の位置，およその大きさや形に関する情報を瞬時に考慮している。例えば，冬のササやぶで小鳥が動きながら「チャッ」と鳴く声が聞こえたら，ウグイスだろうと想像できるが，声以外の情報がまったくない状況で，何の遮へい物もない夜空から降ってくる声の主を特定するのは日中の声の特定とは違った経験が必要になる。また，キビタキのように種類によって日中と夜間とで異なる声を出す可能性もあるので，そういった点にも注意したい。

　渡り時期の夜空に耳を向けるバード"リスナー"が増えることで，渡りの謎がまた少し明らかになるかもしれない。

※1 http://www.bird-research.jp/1_shiryo/nakigoe.html
※2 http://www.xeno-canto.org/
※3 リニアPCMとは音声の録音形式の1つで，MP3などのように録音データを圧縮せずに保存できる。データ化による音質劣化が少なく，原音に忠実に録音できることが特徴
※4 http://ravensoundsoftware.com/software/raven-lite/ からダウンロード可

渡り鳥探しの目の付けどころ 81

渡り鳥を効率的に探すには？	
01 Weather	02 Birdcall

季節と時刻に目を付けよう

text●先崎理之

1 オナガガモの群れ 4月 北海道（Sm）
3〜4月の東北や北海道ではおびただしい数の北上群が見られ，水草の少ない開けた水面に密集する。トモエガモが混じっているので探してみよう

鳥の渡りを効率よく観察するには，彼らが1年の中のいつ，そして1日の中のどの時刻によく渡るかを知ることが重要だ。渡りの時期や時間は，種によって大きく異なる。ここではカモ類・シギ・チドリ類・小鳥類を例に渡り時期の種間差に迫ってみよう。

渡り時期の種間差

南北に細長い日本列島では，渡りの時期は地域ごとに異なり，だいたい春の渡りは2月上旬〜6月上旬，秋の渡りは7月上旬〜11月中旬と幅広い。これは季節を変えて異なる渡り鳥が渡っているからだ。

表1に日本国外で繁殖する旅鳥と冬鳥のうち，渡り時期が早い種（早渡り種）と遅い種（遅渡り種）の例を示した。東日本（北海道，本州北中部）の場合，春の冬鳥の早渡り種は3〜4月上旬，遅渡り種はそれ以降に渡る。また，春の旅鳥の早渡り種も3〜4月上旬に渡り，遅渡り種は5月中旬以降に渡りのピークがある。

一方，秋の冬鳥の早渡り種は8〜9月上旬に渡来しはじめ，遅渡り種の渡来は主に10月以降だ。また，秋の旅鳥の早渡り種も8月には渡来するが，遅渡り種の渡来のピークは9月下旬以降で，種によっては10〜12月になる。なお，こうした渡りのタイミングの種間差は，繁殖地や越冬地の場所，渡り距離，あるいは繁殖生態など，さまざまな要因を反映して決まると考えられる。

03	04
Season and Time	Year

❷ **アカエリヒレアシシギの群れ** 5月 北海道 (Sm)
北日本では夜間に内陸部でも渡りの群れが見られる

❸ **センダイムシクイ** 8月 北海道 (Sm)
早渡りの代表種で，北海道では8月中には渡りがひと段落する

		春の渡り	秋の渡り
早渡り種	冬鳥	オオワシ, ユキホオジロ, マナヅル	コガモ, オオヒシクイ
	旅鳥	ヤツガシラ, 亜種ホオジロハクセキレイ	シマアジ, オオジシギ, アカエリヒレアシシギ
遅渡り種	冬鳥	コガモ, ハシビロガモ, ツグミ	オオワシ, カワアイサ, オオハクチョウ
	旅鳥	アカエリヒレアシシギ, コウライウグイス, オオムシクイ	ウズラシギ, ツルシギ, ヤマヒバリ, シベリアジュリン

表1 早渡り種と遅渡り種の例　　※本表で紹介した鳥でも地域によって渡り時期が異なる可能性がある

カモ類の渡りの順番

　カモ類の秋の渡りは8月中旬から始まり，最も早く渡来するのはコガモとシマアジだ。9月を過ぎるとオナガガモ，ヒドリガモ，ハシビロガモ，ホシハジロなど多くの種が渡来しはじめる。一方，カワアイサなどは11月以降に渡来が本格化し，12月に入ってから到着する個体も多い。10〜11月の東北以北の太平洋沿岸ではクロガモやビロードキンクロが南下する。

　春は，ほとんどの種が3月上中旬までに渡りはじめ，越冬地より北の，東北〜北海道でのマガモ属（オナガガモやヒドリガモ）の渡りのピークは3月上旬〜4月中旬だ（写真1）。ただし，スズガモやホシハジロ，コガモやハシビロガモの中には，4月中旬〜5月上旬まで越冬地に残る個体もいる。

シギ・チドリ類の渡りの順番

　シギ・チドリ類の秋の渡りは，早いもので7月中旬には始まる。渡来が早いのはメダイチドリ，トウネン，ヒバリシギ，オオジシギなどで，決まって成鳥だ。種と地域にもよるが，成鳥の渡りの多くは8月いっぱいが最盛期である。一方，8月半ばを過ぎると，今度は幼鳥の渡りが始まる。

　どの地域も9月下旬までは種数・個体数ともに多く，10月以降は種数がぐっと減る。11月まで渡りが続くのはダイゼン，ムナグロ，オオハシシギ，ツルシギ，ウズラシギ，ハマシギ，ミユビシギ，タシギなどだ。

　春の渡りは3月下旬〜4月上旬ごろから始まり，見られるのはほとんどが成鳥だ。先陣はメダイチドリ，オオソリハシシギ，ツルシギ，オオジシギなど。本州，四国，九州の渡りのピークは4月中旬〜5月中旬で，主役はムナグロ，チュウシャクシギ，キョウジョシギ，キアシシギ，トウネン，ウズラシギなどだ。ハマシギの北上はこれらよりも少し遅い。なお，メリケンキアシシギやアカエリヒレアシシギの渡りのピークは5月中旬から6月上旬までである（写真2）。

小鳥類の渡りの順番

　小鳥類の秋の渡りは夏鳥の南下から始まる。早くに渡りはじめるのはカッコウ，サンショウクイ，エゾムシクイ，センダイムシクイ（写真3），コサメビタキ，コルリ，トラツグミなどで，東日本では8月中旬〜9月上旬が渡りの最盛期だ。このころ，ツバメ類，ニュウナイスズメ，コムクドリなどは渡りに備えて大きな群れとなる。

　9月に入るとツツドリ，ヒタキ類（キビタキ，ノゴマなど）をはじめ，

03 ● Season and Time

4 ヒヨドリの群れ　10月 北海道 (Sh)
本種は早朝からよく渡る

5 オオワシとオジロワシ（上）　11月 北海道 (Sm)
日中に胆振地方の海岸沿いを西進する。岬でなくとも初冬の
北海道の太平洋岸を西進する猛禽類は多い

ほとんどの夏鳥が渡りはじめる。加えて、エゾビタキ、マミチャジナイ、ムネアカタヒバリ、ツメナガセキレイなどの旅鳥も徐々に渡来しはじめる。旅鳥の渡りのピークは9月中旬～10月中旬で、サバクヒタキの仲間といった迷鳥が見つかるのもこの期間が多い。

10～11月にはアトリ、ツグミ、シロハラ、カシラダカ、ジョウビタキといった冬鳥とシジュウカラ、ヒヨドリ、アオジ、オオジュリンといった短距離移動する種類の渡りが目立つ。ルリビタキやミソサザイが目立ちはじめる11月中旬以降、ようやく小鳥類の秋の渡りは終わりを迎える。

春の渡りでは、冬鳥の北上と旅鳥の渡来がほぼ同時に始まる。北上開始が早いのは、北日本で越冬する冬鳥で（例えばユキホオジロやベニヒワ）、4月上旬までにはほとんどが飛去する。一方、旅鳥で渡来が早いのは亜種ホオジロハクセキレイ、ギンムクドリ、ホシムクドリなどで、これらは南西諸島や九州で3月中下旬以降、東日本や北海道でも4月中旬には姿を現す。

その後、4月中旬～5月初旬にツグミ、シロハラ、カシラダカ、アトリなどのほとんどの冬鳥が日本を離れる一方、キビタキ、オオルリ、センダイムシクイなどの夏鳥が日本列島に到着する。シジュウカラやヒヨドリなどの短距離移動の種類やマミチャジナイ、ムギマキなどの旅鳥が多いのもこのころだ。

5月中旬からはカッコウやホトトギス、センニュウ類、サメビタキ、アカモズ、チゴモズといった夏鳥の第二陣が渡来しはじめる。そしてオオムシクイが渡る5月下旬～6月上旬に春の小鳥の渡りは終わりを迎える。

渡り時刻の種間差

ここまでは渡り時期の種間差を見てきたが、渡り時刻も種によって大きく異なる。多くの渡り鳥は、昼夜問わず渡ることを強いられるが、種によって主に昼間に渡るのか、夜間に渡るのかが異なる。前者は上昇気流をうまく利用して滑翔ができる鳥（ソアリングバード）で、タカ類、ツバメ類、ツル類、サギ類、カモメ類のほとんどが該当する。ただし、フクロウ類は滑翔するが渡りは主に夜間だ。一方、後者は滑翔せず、常に羽ばたきながら渡る鳥で、シギ・チドリ類、ガンカモ類、カッコウ類、ハト類、スズメ目鳥類のほとんどが該当する。ただし、これらの鳥の多くは、大気が安定している日の出前後にも渡りを行う。また、ヒヨドリ、カラ類、ニュウナイスズメ、ムクドリ類などをはじめとする、大きな群れとなる種類は昼間に渡ることも多い。

いつ見るか？

それでは彼らの渡りを見るのに適した時間帯はいつなのだろうか？ここでは3つの時間帯に分けて紹介しよう。

頑張って早起き
～小鳥のモーニングフライトを狙え

日の出前後～10時過ぎに行われる渡りは「モーニングフライト」と呼ばれ、昼間に渡る鳥だけでなく、主に夜間に渡る種類の一部も行う。渡りルート上になりやすい岬、峠や離島が観察向きだが、ヨシ原や海岸などでも観察可能だ。ホオジロ類、アトリ類、カラ類、大形ツグミ類、ニュウナイスズメ、ヒヨ

季節と時刻に着目

6 トラツグミ　10月 北海道 (Sm)
21時台に撮影。「ツィン」という短い声が特徴的

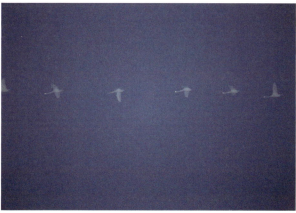

7 コハクチョウ　3月 青森県 (Hs)
満月と雪の照り返しによって夜間に渡る多数のハクチョウ類を目視できる

ドリ，メジロなどがよくモーニングフライトを行い（写真4），セキレイ類，ヒバリ類，カケスなども頻度は低いが行う。

モーニングフライトの観察は，日の出後1〜3時間が適している。晴れて風が弱ければなおよい。こんな日は，声を頼りに上空を注意深く観察すれば，単独あるいは大小さまざまな群れで飛び交う渡り鳥たちに出会えるだろう。ただし，岬など渡り鳥の玄関口となる場所から少し離れた内陸部などの場合，むしろ日が高くなってから群れが飛来することもある。なお，ヒタキ類，小形ツグミ類，ムシクイ類，センニュウ類，カッコウ類などはモーニングフライトを行わないか，行っても目立たない。これらの鳥は気温の低い早朝が活発なので，降りていそうな場所を探せば比較的見つけやすい。

朝が苦手な人必見
〜ソアリングバードの渡り

小鳥のモーニングフライトほど早起きしなくてもよいのが，猛禽類やツバメ類といったソアリングバードの渡り観察だ。彼らは，よく晴れた日に地上が暖まり，上昇気流が発生しはじめてから上空を舞い上がり，渡ってゆく（写真5）。渡りは日中ずっと続くが，ピークの時間帯は場所によってまちまちだ。例えば，出発地点やねぐらのそばでは比較的早朝に近い時間帯がピークとなる。一方，それらから離れた場所は，ピークの時間帯が遅くなる。猛禽類の場合，観察場所が渡りの出発地点やねぐらのそばにあるかどうかは，午後遅くから夕方に付近をうろつく個体が多いかどうかで判断できることが多い。

なお，ソアリングバードの観察しやすさは，天候以外の気象条件（風向や風速）にも左右されやすい。例えば，よく晴れていても風が弱い日は，空高くを渡る傾向がある。こういった日には終日，目を凝らして高空を観察する必要がある。

新感覚の渡り鳥観察
〜夜間定点のすゝめ

最後に夜間に特化して渡る鳥たちの観察方法を紹介したい。最も簡単なのは，定点で闇夜を渡る鳥たちの鳴き声を聞きとる方法だ。この方法は，騒音がなく，虫の声が静かな場所であれば，道具いらずで誰でもどこでもできる。

夜間の渡りは主に日没後の薄暮時が終わってから始まる。筆者らの経験では，日没後から数時間が観察に最適で，22〜24時にはやや渡りが落ち着くことが多い。全国的に確認しやすいのはシギ・チドリ類（コチドリやキアシシギ）やサギ類（ゴイサギやアオサギ），ヒタキ類（コサメビタキやキビタキ），大形ツグミ類（トラツグミやマミチャジナイ）（写真6）だ。また，春の渡り時期にはクイナ，ヤイロチョウ，マミジロ，ジュウイチ，エゾセンニュウなどのさえずりが夜空から聞こえてくる地域もある。なお，北海道や東北地方では，早春と晩秋の夜間にガン類やハクチョウ類の渡りを目視できることがある（写真7）。また，強い光源が夜空を照らしている場所では，小鳥類の渡りを直接観察できることもあるだろう。こうした場所を見つけることができればしめたものだ。

渡り鳥探しの目の付けどころ　85

渡り鳥を効率的に探すには？

01 Weather　　02 Birdcall

年に着目しよう［当たり年と外れ年］

text● 西沢文吾

❶ アトリの群れ　10月 長崎県（Ts）

❷ キレンジャクの群れ　2月 北海道（Sh）

アトリ，ベニヒワ，イスカ，キレンジャク，ケアシノスリ，コミミズク……
彼らは日本で越冬する冬鳥だが，その飛来数は年で大きく変わる。「今冬は多い・少ない」などと話題にするバーダーも多いだろう。当たり年の予測は難しいが，チャンスは逃さず観察したい。当たり・外れはどのように決まるか，そのメカニズムに迫ってみよう。

固定的渡りと変動的渡り

　鳥の渡りは2タイプに大別できる。1つ目は繁殖地と越冬地が決まっており，毎年ほぼ同じルートを同じタイミングで渡るタイプ（以下，「固定的渡り」，図1）で，その代表はガンカモ類，シギ・チドリ類，ツバメ類，ムシクイ類，トケン類などである。2つ目は越冬地や渡りルート，渡るタイミングが年によって大きく変動するタイプ（以下，「変動的渡り」，図1）で，北半球の高緯度地域で繁殖する種に見られ，ベニヒワ，アトリ，イスカ，レンジャクなどの主に種子食の鳥と，ネズミ類などを獲物とするケアシノスリやコミミ

ズクがその代表だ。2つのタイプについて野外で捕獲した個体に足環を付け，同じ場所で再捕獲できるか調査した結果，変動的渡りの種が毎年同じ繁殖地または越冬地を利用する率は3％以下である一方，

固定的渡りの種は30〜90％と極めて高いことがわかった[*1]。
　変動的渡りを行う種は，年によって繁殖後も繁殖地周辺に留まることがある一方，ある年は繁殖地の西側，別の年は東側で越冬するな

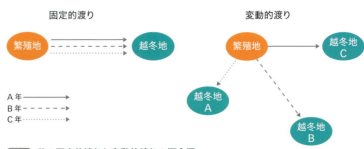

図1　秋の固定的渡りと変動的渡りの概念図
固定的渡りでは，年で越冬地や渡りルート，渡りタイミングは変わらない。一方，変動的渡りは，年で越冬地や渡りのタイミング，ルート（距離と方向）が変動し，異なる越冬地間の距離は数千km離れることもある

03
Season and Time

04
Year

ど，渡りの方角が180°変わることがある。越冬地間の距離は数千km以上離れることもあり，例えばスウェーデンで越冬したキレンジャクが別の冬には4,000km離れたシベリアで，アメリカ・ミシガン州で越冬したベニヒワが別の冬には10,200km離れた東シベリアでそれぞれ再捕獲されたことがある[*1]。

食物と渡り

年によって繁殖地や越冬地，渡りルート，渡るタイミングが大きく変動する理由には，その種の食物量の変動の周期が関係している。例えば，フィンランド西部でハタネズミ属の個体数は3〜4年周期で増減をくり返し，これに応じてハタネズミ属を獲物とするトラフズクとコミミズクの繁殖個体数も増減をくり返した[*2]。同様に，針葉樹の種子量も年による増減が大きく，マツの果実量が多い年に，イスカの繁殖個体数も多くなる[*3]。さらに，こうした食物の変動パターンは場所によって異なるため，「ある年のある場所では食物が豊富だが，別の場所では少ない」ということが起こる。日本で"当たり年"となるのは，より北の地域で食物が不足したため，豊富な食物を求めて南下してきた年なのであろう。

気候と渡り

食物の状況に加えて，気候も渡りルートや越冬地選択に影響する。例えばハイイロミズナギドリは繁殖地であるニュージーランドと越冬海域である北太平洋間を8の字を描くように渡る[*4]。最短ルートを選ばないのは，渡りルートの選択に風が影響するからである。追い風は飛行速度を増し，飛行コストを軽減するが，向かい風は渡りに有利ではない。

また，谷や海岸線は上昇気流が発生しやすく，特にソアリングを行うタカ類はこうした上昇気流をとらえて高度を稼ぎ，羽ばたき飛翔を減らすことで効率的に渡る。タカの渡りを観察していると，晴れの日は1度に数百羽が上昇気流に乗って旋回しながら高く飛び，雨や曇りの日は重たそうに羽ばたきながら低く飛ぶ，というのを見たバーダーも多いだろう。

2008年の冬，日本は各地でケアシノスリが見られた"当たり年"であった。この年のケアシノスリの移動を衛星発信機で追跡すると，積雪地域を避けるように繁殖地のシベリアから南下し，春になると雪解けとともに北上したのがわかった[*5]。この年の冬は中国北部やシベリアの積雪が極めて多く，食物の探索や採食を妨げる積雪地を避けて，多くの個体が日本に飛来したようだ。

渡り途中の鳥は，エネルギー消費が少ない渡りに適した気候条件をうまく利用し，渡りに不利な降雨や低気圧，砂嵐を避けて，最適なルートや中継地を選択しているのだろう。

以上のように，年による食物の状況と気候の違いがそれぞれ渡りに影響することで，当たり年・外れ年が起きていると考えられる。今後各地の観察記録を蓄積すれば，どのくらいの周期で飛来数が増減するか，年変動のパターンは種で異なるのか，またはその要因などへの理解が深まるだろう。

3 ケアシノスリ 1月 秋田県（Nb）
変動的渡りを行う代表種。雪の少ない農耕地でネズミ類を捕食する

4 ナキイスカ雄 4月 北海道（Nb）
2010〜11年の冬は本種の当たり年で，北海道の各地で群れが見られた。マツの結実量の年変化に応じて飛来数が変動すると考えられる

渡り鳥探しの目の付けどころ　87

Column 5

迷鳥飛来のメカニズム ①

text●梅垣佑介

毎年くり返される渡りは規則的，かつ定期的に思えるが，実際の渡りはさまざまに変動する。通常分布しない地域や時期に鳥が現れる迷行も，渡りの1つのパターンだ[*1]。そんな迷行のメカニズムに迫ってみよう

誤った方角への渡り

渡り鳥たちは渡りをはじめる際，方角を知るための方位特定システムと，どれくらいの日数を渡るべきかという体内時計のようなものを使っていると考えられる[*2]。この方位特定システムが時として誤った方角を示すことで，迷行が生じるようだ。これを「誤った方角への渡り（misorientation）」と呼ぶ。この現象は，バラバラの方角に向かうことよりも，本来渡るべき方角の真逆に向かうことが多く，特に「逆の方角への渡り（reverse migration）」として知られる。例えばモリムシクイやノドジロムシクイ，ムナフヒタキなどは，この現象だと日本への迷行をうまく説明できる（写真1・図1）。秋の当歳鳥（その年生まれの鳥）で多いが，春にも見られる。

ほかに，「鏡像ルートの渡り（mirror-image misorientation）」と呼ばれる現象がある。これは，その鳥が通常渡る方角に関して，東西方向にのみ逆方向に渡るものだ。例えば，真南から東へ45度の南東方向に渡るはずだった鳥が，西へ45度の南西方向へ渡ってしまうといった例だ。キヅタアメリカムシクイなど，北米からの迷鳥にはこのパターンに当てはまる種がいる。

行きすぎた渡り

渡りの方角は正しいが，通常は止まるべき場所を飛び越えてしまう現象を「オーバーシューティング（overshooting）」と呼ぶ。春・秋ともに見られるが，春に多く，前年生まれの雄に多い。温暖な天候や軽い追い風によって促進されると考えられる。東南・南アジアで越冬し，繁殖のために

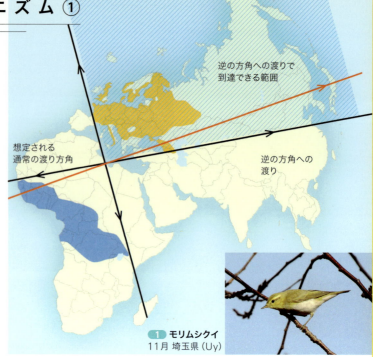

1 モリムシクイ
11月 埼玉県 (Uy)

図1 モリムシクイの逆の方角への渡りの範囲
黄色が繁殖分布，青色が越冬分布，黒線が想定される渡りの方角と逆の方角，赤線は本種の記録が多い舳倉島までの経路を示す

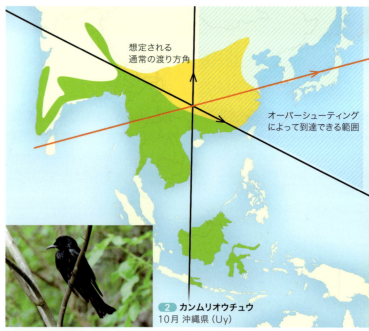

2 カンムリオウチュウ
10月 沖縄県 (Uy)

図2 カンムリオウチュウのオーバーシューティングの範囲
黄色が繁殖分布，緑色が通年分布，黒線が国内で記録された亜種の想定される渡りの方角，赤線は本種が国内で最も北側で記録された舳倉島までの経路を示す。オーバーシューティングによって春に飛来する種は，秋に逆の方角への渡りによっても出現する傾向があるようで，本種は近年秋にも記録されている

中国東南部へ渡る鳥（カンムリカッコウ，クロビタイハリオアマツバメ，カンムリオウチュウ，オレンジジツグミなど）や，アフリカ中南部で越冬し繁殖のためにユーラシア大陸中東部へ渡る鳥（コシジロイソヒヨドリなど）は，この現象だと日本への迷行をよく説明できる（写真2・図2）。

ミツユビカモメ幼鳥　10月 北海道（Nb）

第5章　人気の渡り鳥 出会い方ガイド

日本の鳥の半分以上は渡り鳥で，
毎年渡ってくる鳥もいれば，
滅多にお目にかかれない迷鳥もいる。
ここではバーダーの注目度が高い22種の
渡りルートや出会い方のポイントを紹介する。
ひと口に「冬鳥」「夏鳥」「旅鳥」と言っても
渡りのスタイルが違うことがわかるし，
迷鳥との出会いも飛来パターンをおさえておけば
夢ではないはずだ。

ヤツガシラ　3月 奄美大島
（鹿児島県）（Ts）

渡り鳥に会いに行こう

01 オオワシ・オジロワシ

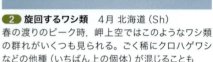

2 旋回するワシ類 4月 北海道（Sh）
春の渡りのピーク時，岬上空ではこのようなワシ類の群れがいくつも見られる。ごく稀にクロハゲワシなどの他種（いちばん上の個体）が混じることも

1 渡るオオワシ（上）とオジロワシ（下） 12月 北海道（Sh）
秋は11月を過ぎると海岸沿いを中心に両種混じって南下する姿をよく見る

　オオワシとオジロワシは国内外で人気の海ワシ類だ。オジロワシの一部は北海道と東北でも繁殖するが，両種とも大半が冬鳥として日本に飛来する。では，どの時期にどこへ行けば効率的に渡りを観察できるだろうか。

text●先崎啓究

渡りのスタイル

　オオワシとオジロワシの春の渡りは早く，2月中旬にもなると国内で越冬していた気の早いワシたち（写真1）は，繁殖地へ渡りはじめる。本土最北の地である宗谷岬（北海道稚内市）では，両種の成鳥が3月初旬ごろから個体数を増やし，3月中旬〜下旬に渡りのピークを迎える。ワシが最も多く渡るのは晴天で，ある程度風が吹く日だが，多少の荒天でも気にせず渡るようだ。その後，4月中旬〜下旬には繁殖不参加の若い個体が渡りのピークとなり，5月にはほとんど見られなくなる。数十から時に100羽に迫るワシの群れが岬周辺で旋回し，一気にサハリンへ向けて滑空していくのは圧巻の一言だ（写真2）。

　秋の渡りは宗谷岬で両種とも10月下旬ごろから見られはじめ，12月上旬まで続く。しかし春のようにまとまって見る機会は少ない。風向きなどの気象条件によって「入口」が多少，東西に変化するようだ。道内へ入ったワシは日本海側や太平洋側の海岸線，内陸部の河川沿いや山地沿いを，食物資源が豊富な越冬地を求めて南下する。

生息環境と行動パターン

　渡りのときは基本的に地上50〜200mほどの高度で，時折羽ばたきを交えて滑空する。そのため，渡るコースとなる海岸線や岬のほか，内陸であれば上昇気流が発生しやすい山地の際などでよく観察できる。両種の主食は魚類なので，サケ科の魚が多く遡上する，結氷しない河川に集まる習性がある。主な越冬地の北日本では，そのような河川間の小規模な移動もよく見られるため，初冬の晴れた日には思わぬ場所で移動中の個体と遭遇できるかもしれない。

　ほかの猛禽類と同様，午前中に多く渡るため，観察は日の出後の数時間〜昼過ぎまでに絞れば，より効率よくダイナミックな渡りが見られるだろう。

発見のコツ

　両種とも大きな猛禽類なので，見晴らしのよい場所で定点観察すると，多くの個体を観察できる可能性が高い。なお，大形種なので警戒心も強い。観察の際は渡りの邪魔にならないよう心掛けたい。

図 オオワシ・オジロワシの渡りルート図
衛星追跡（→p18-19）に加えて，各地の観察状況から推測されるルートを図示した

02 ハチクマ

渡り鳥に会いに行こう

1 ハチクマ雌成鳥
9月 長野県（Hs）
尾羽や翼後縁のバンドが太く，一見雄に見えるが，初列風切先端が黒っぽく，斑も雄ほど太くない。虹彩も黄色っぽいため雌と思われる。このようにややこしい個体もいるので，細かい識別は要注意だ。秋の渡り期の成鳥は，ほかの多くのタカと異なり，初列風切などを換羽中の個体が多い

ハチクマは北海道～九州で春秋ともに渡りが見られる夏鳥で，タカの渡りでは主役級の存在感がある。サシバほど大きな群れにはならないが，体が大きく，ゆったりと飛翔するので，見応えがある鳥だ。

text●原 星一

渡りのスタイル

春は越冬地の東南アジア各国から大陸に入り，中国を北上，朝鮮半島を南下し，5月上旬ごろに九州に至る。その後日本列島を北上して，国内各地で繁殖する。

秋は9月中旬から渡りが本格化し，各地の峠や岬などでサシバなどとともに渡る姿が観察される。ルートは春と異なり，朝鮮半島を経由せず，九州北部から東シナ海へ離岸し，一気に中国南東部へ渡る。なぜ春と秋でルートが大きく異なるのか不明だが，秋の東シナ海上は安定していて，東寄りの風が吹きやすく，それを西へ向かう追い風として利用できることが理由の1つとして挙げられる。

なお，幼鳥は最初の夏は越冬地で過ごすため繁殖地に戻らない。再び繁殖地に来るのはさらにその翌年以降なので，国内では幼羽が残る2暦年※の個体に出会うことは基本的にない。夏鳥としては飛来が遅いが渡去は早いため，8月に巣立った幼鳥はひと月もすれば自立し，渡りをはじめることとなる。これは，ほかの大形猛禽類と比べて驚異的な早さだ。栄養満点なハチの子を主食にすることが，それを可能にしているのかもしれない。

生息環境と行動パターン

ハチクマは主に丘陵～山地の森林に生息し，里山など身近な場所でも繁殖する。捨てられたミツバチの巣を狙って，養蜂場の周辺に出現することがある。

渡りは日の出後から日中に見られる。観察地や気象などの条件にもよるが，早朝のほうが低い位置を飛ぶので，近くで観察しやすい。日が昇ると数を増すことがよくあるが，上昇気流も強くなりやすいので，見上げると首が痛くなるような高さになってしまうことも。強風は苦手なようで，風が強いとあまり渡らないが，渡りのピークを過ぎた時期だと，多少条件が悪くとも，急ぐ様子で渡る個体もいる。

発見のコツ

上空を飛ぶタカを見つけるのは慣れないと難しいかもしれないが，ハチクマを含む，渡るタカを見つけるコツを紹介しよう。

天気がよい日は，青空に浮かぶ雲を目印に探すとよい（快晴では使えないコツだが）。視力がよい人でも，青空に溶け込むタカを見つけるのは難しいが，雲の近くや雲の中を通ったタカは案外見つけやすい。曇りの日の場合，雲の色に濃淡がある部分を見ていると，そこを通るタカを見つけやすい。

また，タカが高空に上がる前に，タカが向かってくる側にある山の稜線などを双眼鏡で見て待ち構える手もある。そのほか，周囲にいる小鳥や，すでに見つけたタカの視線に注目するというコツもある。それらの鳥を観察していると，時々頭をかしげるように，片目で上空を見上げることがあるが，その視線の先を探すと高い確率で渡っているタカの発見につながるので，ぜひ試してほしい。

※暦を基準にした年齢の表現方法。孵化した日からその年の12月31日までが「1暦年」。翌年1月1日～12月31日を「2暦年」と数える

図 ハチクマの渡りルートとおおよその通過時期
樋口（2014）*1を参考に北海道や津軽海峡の出現状況からの推定を加えて作図

人気の渡り鳥出会い方ガイド　91

渡り鳥に会いに行こう

03 シロフクロウ

❶ 日没後に活動を始めた雄若鳥　2月 北海道 (Sm)

❷ 天売島に飛来した雌成鳥　11月 北海道　撮影●青塚松寿
1日だけしか滞在しなかった

冬の北海道の雪原で稀に記録されるシロフクロウ。誰もが野生の姿を探し求めるが叶わない，まさに幻の鳥だ。しかし近年になり，ようやくその狙い目が明らかになってきた。

text●先崎理之

渡りのスタイル

シロフクロウは，周年極域で生活し，あまり南下しないが，食物のレミング（ネズミの一種）に恵まれ，多数の雛が巣立った年には南下する個体が増える*1。これが，いわゆる"当たり年"で，数年周期で訪れる。また，本種は春の3か月間ほどで平均4,000kmも飛行し，年によって変わるレミングの多い地域を探して繁殖する*2。このことから，冬の南下個体も長距離を飛翔し，食物の多い地域に定着していると考えられる。日本では道北地方の記録が多く，この地域は一部の南下個体の渡りルートに含まれている可能性がある。

生息環境と行動パターン

道内では積雪の少ない広い海浜の草地や，雪の積もったヨシ原とササ原がシロフクロウの有望な生息適地だ。なぜなら，これらの環境では食物のネズミ類が多く，狩りを行いやすいためで，実際に過去の観察例も多い。これらの環境は現在，離島を含む道北地方に多く残る。なお，牧草地や耕作地は過去の定着例が少ない。

昼行性と言われるが，日中は地上でじっと休息し（そのため非常に目立たない），少なくとも北海道では薄明薄暮，あるいは夜間に活動する個体が多いと思われる。狩りは見晴らしのよい止まり場から行うことが多い。

発見のコツ

北海道では2010年以降，少なくとも14例（個体）の記録があり，うち10例が道北地方（利尻礼文，天売島含む）での記録だ（図）。9〜11月に記録されると，立て続けに記録される傾向があり，12月上〜中旬の記録が最も多い。一時的な滞在が大半だが，ネズミ類が多いと越冬することもある。その年のネズミ類の動向は，北海道立総合研究機構・林業試験場が提供するエゾヤチネズミ発生情報※が参考になる。シロフクロウとネズミ類の双方が当たり年であれば，出会える確率はぐんと上がるだろう。

おすすめの観察地は12月上〜中旬の天売島と，12月以降のサロベツ原野だ。両地域ともに生息適地が広くある。いずれも強い寒気が入った後に記録される傾向がありそうだ。また，積雪期の日中に休息中の個体を探す際は，スキーやスノーシューを用いるのがよい。これは，平坦な雪原に見えても実は死角が多いからだ。

※エゾヤチネズミ発生情報URL
http://www.fri.hro.or.jp/nezumi.htm

図 2010年以降の北海道のシロフクロウの記録

1つの点が観察1例を示す。12月上旬以降の道北（サロベツ原野・稚内・浜頓別付近）での記録が多い。天売島は2010年以降は1例だが，過去の観察例が多い

渡り鳥に会いに行こう

04 トラフズク

1 夜間，河川敷を飛翔する2羽のトラフズク　10月 北海道 (Sh)
ピーク時には複数羽が同時に観察されることもある

トラフズクは中形フクロウ類の中でコミミズクとともに人気が高い。観察は冬季の集団ねぐらにスポットが当てられがちだが，夜行性で見つかりにくいため，その生態は謎の部分が多い。

text●先崎啓究

渡りのスタイル

トラフズクは国内では関東以北で少数が繁殖する。冬は北日本の個体が南下するのに加え，大陸から渡来したと思われる個体もいて，関東以西では主に冬鳥だ。夜行性なので渡りを直接見るチャンスは少ないが，移動時期の春や秋の夜間，海上へ突き出した岬で海上へと渡る姿を観察できるかもしれない。また，秋～冬に採食場として利用されやすい環境を探し，継続的にライトセンサス※をしてみると，日ごとに個体数が変わることによって渡りを実感できる。数日といったスケールではわかりにくいが，月単位だと明らかな個体数の増減があり，スローペースではあるが渡りを体感できる。秋の北海道の場合，何日もかけて採食場所を転々と南下し，少しずつ移動するスタイルの渡りを行っているようだ。

●渡り観察の一例

北海道の道北・道央・道南の各地域で9～2月に数年間ライトセンサスを行った結果，徐々に南下する渡りの様子が浮かんできた。まず，石狩平野の北中部の場合，9月中はほとんど観察されず，10月上～下旬に個体数が増加する。ピーク時には十数kmの範囲に数十羽（最大で20羽ほど）が観察された。

これが石狩平野の南部地域になると，10月中旬から徐々に個体数が増え，11月上・中旬に最多となり，11月下旬にはあまり見られなくなり，根雪になる12月には見られなくなる。その後11～12月中旬は函館周辺の道南の観察数が増える。一方，道北では年によって12月上旬に数を増す。そして，12月中旬から1月中旬にかけての胆振・日高地方の海岸沿いでは一晩で最大25羽ほどが観察される。異なる地域の観察から明らかになったこのような南下の様子は，北海道以外の各地でも見られるかもしれない

生息環境と行動パターン

海岸の草地や農耕地，河川敷，林沿いの開放地などに生息する。コミミズクよりかん木などの止まり木が多く混じる草地を好むようだ。完全な夜行性で，日没後暗くなってから活動する。

発見のコツ

日中，トラフズクが好んでハンティングをしそうな，かん木が混じる草地等を見つけ，夜間に小まめに見回ることで発見効率が上がるだろう。よく見られる場所で継続して観察すると，その地域の渡り特性を把握できるかもしれない。

※夜間に徒歩や車で低速走行しながら，前方や左右をヘッドライトや懐中電灯で照射し，照らされる動物を調査する方法。

図 秋のトラフズクの移動図

・・・・ 推定ルート
■ 主な道内の繁殖地
※道東は不明

12月上中旬
10月上旬～11月下旬
10月中旬～12月上旬
12月～1月中旬
11月～12月中旬
越冬地

人気の渡り鳥出会い方ガイド　93

渡り鳥に会いに行こう

05 | ハクガン・シジュウカラガン

1 ハクガン（上）とシジュウカラガン（下）の混じった群れ　2月 秋田県（Hs）

一時は大きく数を減らし, ほとんど観察することができなかったハクガンとシジュウカラガンだが, 長年の保護活動の成果もあり個体数が回復。ひと群れで数百羽という大きな群れも見られるようになった。現在もその数は増加している。

text●原 星一

渡りのスタイル

ハクガンの群れの多くは, 秋に十勝平野（北海道）や津軽平野（青森）を経て, 秋田または新潟で冬を過ごす。暖冬で雪が少なければ秋田に留まり, 寒さが厳しく積雪が多いと新潟まで南下する。また, 宮城のマガンの群れの中でも少数が越冬する。

シジュウカラガンも同様に秋田まで南下するが, 大半はさらに宮城まで南下して越冬し, 秋田や新潟に留まるものは一部だ。秋は津軽平野や秋田で観察される個体数が少ないため, 太平洋側を一気に宮城まで南下するものが多いと推測される。春は秋とおおよそ逆のルートを, ほかのガン類と同様, 雪解けに合わせて徐々に北上する。

生息環境と行動パターン

夜間は通常, 湖沼をねぐらをとし, 昼間は耕作地へ採食に出かける。飛来地ごとに, 毎年同じようなエリアで採食する。両種とも, 他種の混じらない群れで行動することもあるが, マガンやヒシクイの群れに少数が混じることも多い。

発見のコツ

ねぐらとなる湖沼がわかれば, 日の出や日の入り前後に湖面にいるところを観察できる。また, 北海道や宮城県などでは, 風が弱く晴れた日の日中に多数のガン類がねぐらに戻ることがある。このときも, ガン類の群れの中に少数混じるハクガンとシジュウカラガンを見つける絶好の機会となる。日中の採食場で観察したい場合は, ねぐらから出た方向を確認し, その先にある水田や牧草地, 大豆畑などの耕作地を巡るとよい。近年は数が増え, 両種ともに数百羽程度の群れが見られることもある。

渡り途中に上空を通過する場面に遭遇することもあり, 特に飛来地間を結ぶ線上の, ほかのガン類の渡りが見られる地域が有力だ。両種とも, ほかのガンとは飛翔時の鳴き声がはっきり異なるので注意。秋の青森県では, 陸奥湾南東部の海上を, 国内には毎年数羽程度しか飛来しない亜種ヒメシジュウカラガン1羽を含むハクガンの群れが通過し, 直後に津軽平野の廻堰大溜池で同一の群れが確認された事例がある*1。この一件で十勝を発ったハクガンは海を越え, 下北半島を横切るように津軽まで渡ることが初めて明らかになった。さらに, 同じ群れが数日後に秋田県で確認された。

図 ハクガン（左）とシジュウカラガン（右）との飛来地
観察しやすい時期は年によって変わる。ハクガンは越冬期間中に秋田と新潟を, 亜種シジュウカラガンは十勝, 秋田, 宮城（新潟）を行き来する。亜種ヒメシジュウカラガンは道央, 秋田, 宮城でマガンに混じることが多い

06 | シマアジ

1 コガモの群れに混じるシマアジ(矢印)
9月 愛知県 (Ts)
このときは数百羽のコガモを中心とした群れに5羽程度のシマアジが混じっていた。大群から探す場合、飛翔時のほうが見つけやすい

日本に渡来する多くのカモ類と異なり、シマアジは主に旅鳥として全国を通過する。出会うのは難しいと思われがちだが、意識して探すと少なくない数が意外に通過していることに気づく。

text●高木慎介

渡りのスタイル

シマアジは春と秋に旅鳥として全国を通過する。春の渡りは3～5月上旬で、日本海側や西日本などでは比較的多いが、東日本～中部地方の太平洋側では少ない。ただし、年によってはこれらの地域でも多くが通過する。

秋の渡りは8月下旬～10月上旬ごろで、春と異なり全国的に幼鳥が通過する。また、筆者の印象では、春はつがいや小群でさっさと渡っていくが、秋は他種のカモ類の群れに混じり、1週間程度留まる場合がある。

生息環境と行動パターン

本土では湖沼、池、河川、クリークなどの淡水～汽水域を好む。一方、南西諸島では海岸で見られることも多いようだ。抽水植物や浮遊植物が豊富な環境や、干潟などを好む傾向があり、都市公園の池のような、護岸されて植生が乏しい池に入ることは少ない。

行動パターンは一般的な水面採食ガモのそれだが、他種のカモのようにパンなどで餌付けされることは少ない。他種のカモ類に混じる場合、特に秋はコガモと行動することが多いが、ハシビロガモやオナガガモなどと行動することもある。

発見のコツ

まず、「渡りの時期にシマアジを探す」という意識が必要だ。また、シマアジの雄生殖羽は特徴的な羽色だが、他の羽衣はコガモなどの他種のカモと似るので、識別点をしっかり頭に入れて探したい。とりあえず姿が見たいのであれば、秋に比較的大きめの湖沼に入るコガモを中心としたカモ類の大群から探すのが手っ取り早い(写真1)。

しかし、この方法では近くでじっくり観察するのは難しい。シマアジに限ったことではないが、渡り時期のカモ類は、越冬期にはほとんど姿を見せないような小規模なため池などを中継地として利用することがある(写真2)。こういった場所にあらかじめ目を付け、渡りの時期にチェックすると、シマアジのほかに、思いもよらない種を間近で観察できる幸運に出会うことがある。

2 農業用ため池
1月 愛知県 (Ts)
周囲500mに満たない小さなため池。この池では、過去にシマアジのほか、メジロガモが通過したこともある

渡り鳥に会いに行こう

07 アカアシミツユビカモメ

1 成鳥冬羽（中央）　11月 北海道（Nb）
東風が強かった日に，数百羽のミツユビカモメの群れの中にいた。ミツユビカモメよりおでこが丸く，嘴が短く，翼上面の色が濃い

アカアシミツユビカモメは稀な冬鳥として10〜4月に北海道（特に道東のオホーツク海側と道南の太平洋側）および三陸沖に渡来し，関東でも記録がある。近年は観察例が増えており，場所によっては気象条件が揃えば高確率で観察できる。

text●西沢文吾

渡りのスタイル

アカアシミツユビカモメは，ベーリング海とアリューシャン列島にある6〜7つの島で6〜9月に繁殖する。全個体群の80％にあたる57,000ペアがプリビロフ諸島のセントジョージ島で繁殖し，次に大きなコロニーはアリューシャン列島西部のコマンドル諸島である。

このうち，プリビロフ諸島の繁殖個体群は，10〜12月にベーリング海全域と北西太平洋〜オホーツク海北西部に至る広範囲に分布する（図）。具体的には，9月下旬に繁殖地を離れ，11月ごろまでは主にベーリング海東部で過ごすが，12〜2月にベーリング海東部の海氷の発達とともに，より南西に移動し，カムチャツカ半島や千島列島沿岸，および北西太平洋を利用する*1。

道東のオホーツク海で観察例が多いのはこうした分布に近いことと関係していそうだが，観察からではどこの繁殖個体群かはわからない。日本に最も近いコマンドル諸島の繁殖個体群が有力かもしれない。同島の繁殖個体数は増加傾向にあり（1978〜92年で5,000から17,000ペアに増加*2），日本での記録は今後さらに増えるかもしれない。

生息環境と行動パターン

ミツユビカモメ同様，外洋性が強く，ふだんはあまり沿岸に近づかない。外洋では数羽〜十数羽で観察され，ミツユビカモメの群れにも混じるが，食性の幅がより狭く，主に夜間に海面付近に浮上するハダカイワシ類を捕食する*3。漁港や河口では休息することが多い。

発見のコツ

沿岸にはあまり近づかないため見ることは難しい。しかし近年，道東のオホーツク海側で10〜12月に毎年記録され，一度に数十羽が観察されることもある。北海道の太平洋側やその沖合を航行するフェリーからだと，1〜数羽の記録が多い。ミツユビカモメの群れに混じることが多いので，その大群を探すことが発見への近道だ。

陸からミツユビカモメの数百羽規模の大群が見られるのは，外洋から強風が吹いたときだ。こうした場面に遭遇できたら，1羽1羽を丹念に観察しよう。本種は足が赤いのが最大の特徴だが，飛翔時や着水時は確認しづらい。そこで，体形と上面の色にも着目しよう。本種はミツユビカモメよりもひと回り小さく，嘴と頸が短いため頭が寸詰まりに見える。また，年齢を問わず，翼上面と背の色はミツユビカモメより濃い。それによりミツユビカモメより風切後縁の白色線が目立つ。観察難易度は上がるが，沖合を航行するフェリーではミツユビカモメは常連であり，上記の識別点を意識しながら本種との出会いに期待しよう。

図 プリビロフ諸島で繁殖するアカアシミツユビカモメの10〜2月の行動圏*1
17羽から得たジオロケータのデータから推定。青枠は同繁殖地の個体がこの期間に95％の確率で利用する範囲

08 コシジロアジサシ

❶ 幼鳥（左）と成鳥（右）　8月 北海道（Sm）
秋には成鳥と幼鳥で行動することがある。こういうときは「キュリー」という，よく通る声で鳴く。大型船に乗船していても，近くを飛んでいれば聞こえるかもしれない

コシジロアジサシは稀な旅鳥として，北海道，本州，四国，九州で記録がある。沿岸に近づくことは少ないが，春と秋の渡りの時期に北海道と本州を結ぶフェリーから，あるいは，嵐で運ばれて観察できる可能性がある。夏羽・冬羽ともにアジサシとの識別に注意が必要だ。

text●西沢文吾

渡りのスタイル

コシジロアジサシはオホーツク海沿岸（サハリン，カムチャツカ）とベーリング海沿岸（アリューシャン列島，アラスカ）で繁殖する。5月中旬に繁殖地に到着した後，6～8月にかけて繁殖し，9月には越冬地に向けて繁殖地を旅立つようだ。非繁殖期（9～4月）にマレーシア，フィリピン，インドネシア，シンガポール，台湾，香港沖で観察されていることから[1,2,3]，東南アジア周辺海域で越冬すると考えられてきたが，近年，アラスカ南東部の繁殖個体に装着したジオロケータのデータによって，非繁殖期にはインドネシアのスマトラからパプアニューギニアのビスマルク諸島に至る，東西数千kmの範囲を利用していることが明らかとなった[4]。渡りのルートは未解明だが，**①太平洋を渡るルート**（東北沖での船上観察例や本州の太平洋側での観察記録から，アラスカの繁殖個体群と予想）と，**②日本海を渡るルート**（日本海側〈北海道，山形，新潟〉や香港沖での観察記録から，サハリンの繁殖個体群と予想）が考えられる（図）。さらに，8～9月には津軽海峡での観察例もあることから，太平洋を渡るルートと日本海を渡るルートとが津軽海峡で入れ替わるルートもあるかもしれない。

生息環境と行動パターン

船上からは単独，または複数羽で飛翔する姿を観察することが多い。飛翔しながら小魚を探し，海面にダイブして捕食する。流木やブイなどの漂流物に止まって休息していることもある。

発見のコツ

春（4～6月）と秋（8～9月）に北海道と本州を結ぶ定期航路や，台風・低気圧が通過した直後の海岸や河口が狙い目。ただし，悪天候時の観察は危険を伴うため，極めて慎重に行うこと。

船上から飛翔していたり，漂流物に止まるアジサシ類を見つけたら，注意深く観察しよう。成鳥はアジサシとの識別が難しいが，眉斑状の額の白色部を確認できれば本種とわかる。秋（8～9月）は特に北海道で幼鳥の観察例が多い。本種の幼鳥は，頬と背中から翼上面の大部分が黒褐色であるのに対し，アジサシ幼鳥はこれらの部位がほぼ一様な灰色であることから，識別は比較的容易だ。

図　コシジロアジサシの繁殖地と非繁殖地，および予想される渡りルート

渡り鳥に会いに行こう

09 ヤマシギ

1 芝生で採食するヤマシギ　11月 千葉県 (Oy)
渡りの時期にピークに当たれば，ひと晩で数十羽観察できることもある

シギなのに森林や草地を生息地とする夜行性の変わり者，ヤマシギ。昼の普通の探鳥ではあまり出会わない鳥だが，実は全国的に広く見られる普通種だ。そんな彼らとの出会い方を紹介しよう。

text●小田谷嘉弥

渡りのスタイル

　ヤマシギはユーラシア大陸に広く分布し，冬は暖地に移動する。日本周辺の個体群の移動はあまりよくわかっていないが，本州の越冬地で標識放鳥された個体が繁殖期にサハリンで回収された4例と，秋の渡り期に北海道から本州に移動した1例がある。
　秋の移動は10月ごろから始まり，本州中部では11月ごろピークを迎える。春は2月下旬ごろから越冬地を離れはじめ，3月下旬〜4月上旬に移動のピークがある。秋は本州の太平洋側，春は日本海側で個体数が多い傾向があり，春と秋で主要な移動経路が異なることが示唆されている。八重山諸島では10月上旬から多く渡来することがあり，これらの繁殖地は本州の越冬個体群とは異なるのかもしれない。

生息環境と行動パターン

　越冬地ではほぼ完全な夜行性で，昼はやぶの中や林内で休息，夜に開けた農地や河川敷などに移動して採食する。都市公園などで日中に越冬個体が見られることがあるが，それらは休息場所が偶然見つかった稀なケースと考えられる。夜の利用環境は，草丈が10cm以下の乾いた草地で，牧草地，河川敷のスポーツグラウンドなどの芝生，刈り取り済みの水田や農道でも見られる。耕起された農地ではほとんど見られないが，休息に利用することもある。

発見のコツ

　河川敷や農地で，草丈の低い芝生や草地がまとまってある場所を日中にチェックし，夜に再度訪れてみよう。採草地の中に堆肥置き場があるような場所も絶好のポイントだ。越冬地では，日没直後から1〜2時間経ったころに個体数が増えるようだ。またヤマシギは，草地や圃場の中央よりも隅のほうを好む。体が大きいため，目立つところに降りていれば発見は容易だ。懐中電灯を使って探すときは，大きな眼が光を反射するので草の中でも発見できる。飛び立つと尾の下面先端の白色部が目立つので，フィールドマークとして有用だ。

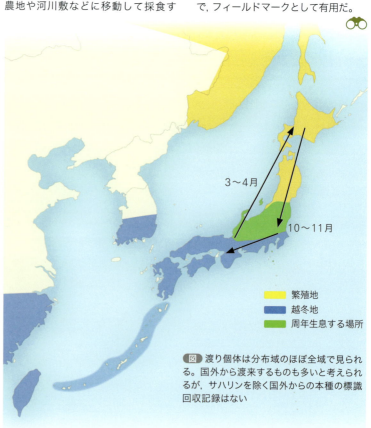

図　渡り個体は分布域のほぼ全域で見られる。国外から渡来するものも多いと考えられるが，サハリンを除く国外からの本種の標識回収記録はない

渡り鳥に会いに行こう

10 ジシギ類

1 **オオジシギ幼鳥（右上）とチュウジシギ成鳥（左下）** 8月 千葉県（Oy）
稲刈り後の水田で夕方に発見。関東地方では，オオジシギの渡りの終わりとチュウジシギの渡りの始まりの時期が重なるので，しばしば同時に見られることがある

湿地に潜み，互いに非常によく似ているため発見と識別が難しく，観察を敬遠されがちなジシギ類。しかし，見つけて見分けられたときの喜びは格別だ。ここではタシギ以外の3種，オオジシギ，チュウジシギ，ハリオシギ（以下，オオジ，チュウジ，ハリオ）を発見するコツを紹介しよう。

text●小田谷嘉弥

渡りのスタイル

オオジの繁殖地は国内では九州以北から北海道，国外ではサハリンと沿海地方である。越冬地はオーストラリア東部で，中継地では秋は8～9月，春は3～5月に見られる。チュウジは沿海地方とバイカル湖以西の中緯度地域，ハリオはそれより高緯度で繁殖し，ともに8～10月に東南アジアに渡る（図）。春はチュウジ，ハリオともに4～5月の日本海側で観察例が多いようだ。秋の渡りはおおむねオオジ→ハリオ→チュウジの順で，いずれの種も成鳥が幼鳥より早い時期に渡る傾向がある（写真1）。オオジは南西諸島以外，チュウジは北海道以外で全国的に見られるが，ハリオは南西諸島以外では数が少ない。

生息環境と行動パターン

湿った地上や地中のミミズや昆虫を採食する。渡りの中継地では，休耕田や刈り取り後の稲田など，草丈が低めの湿った草地を好む。水位は深すぎないほうがよく，ハス田などにこれら3種はほとんど入らない（入るのはほぼタシギ）。基本的に3種とも夜行性で，夜に開けた場所に出て採食し，昼間は畦や丈の高い草の中に隠れることが多い。離島など好む環境が限られる場所では，畑の脇などの乾燥した草地に入ることもある。

発見のコツ

早朝や夕方には，夜に採食していたり，これからしようとする場所にいることがあるが，日が高い時間帯は草丈の高い場所に移動している。日中は畦など見通しのよいところをチェックするのがおすすめだ。雨の日は食物のミミズが地表近くに出てくるためか，日中でも活発で，姿が見やすいことが多いので狙い目だ。

不意に飛ばしてしまったときは，翼後縁の白色部と翼下面の羽色，地鳴きに注意して，タシギかそうでないかの見当が付けられるようにしたい。短距離を飛んで降りる場合は，尾羽のパターンや翼の換羽状況を確認するチャンスなので集中して観察しよう。降りているのを発見できたときは，羽づくろいや伸びをしたときに，3種の同定のキーになる外側尾羽を確認できないか粘ってみよう。

― オオジシギ
成鳥：7月中旬～8月中旬
幼鳥：7月下旬～9月中旬

― チュウジシギ
成鳥：8月中旬～10月中旬
幼鳥：8月下旬～10月中旬

― ハリオシギ（南西諸島）
成鳥：8月上旬～10月上旬
幼鳥：8月中旬～10月中旬

図 **ジシギ類3種の秋の渡りにおける中継地の分布と見られる時期**
オオジの分布域を黄色で示す（チュウジとハリオの繁殖分布は図示していない）。オオジは太平洋上を横切って渡るといわれており，それを示唆する追跡結果もあるが，チュウジとハリオの渡り経路はよくわかっていない

渡り鳥に会いに行こう

11 | ムナグロ

❶ 水田地帯で羽を休めるムナグロ　4月 愛知県 (Ts)

ムナグロはロシア北中〜北東部とアラスカ西部のツンドラ地帯で繁殖し，東アフリカ，南〜東南アジア，オセアニア，アメリカ南西部で越冬する。片道1万km以上にもおよぶ渡りの途中に日本に立ち寄る旅鳥で，少数は国内で越冬する。美しい黄金色の羽色が水田を彩ると，春の渡りを感じられる。

text●梅垣佑介

図 ジオロケータを用いた調査から判明したムナグロの渡りルート
春（青矢印）は越冬地→日本の中部〜関東地方付近→繁殖地，秋（赤矢印）は繁殖地→越冬地と，大きな三角形を描くような渡りルート。サイパン島やオーストラリア東・南部で越冬する個体には秋も日本を通過するものがおり（茶色矢印），渡り時期に中部〜関東地方以外で見られるのはこれらの地域の越冬個体かもしれない

渡りのスタイル

　ジオロケータを利用した近年の調査[1,2]により，太平洋の島嶼部で越冬するムナグロの渡りルートが明らかになった。アメリカ領サモアやマーシャル諸島，サイパン島といったオセアニア島嶼部の越冬個体にジオロケータを装着し，渡りルートを追跡した結果，これらの個体は，春に越冬地からほとんどノンストップで日本の中部〜関東地方の平野部に主に飛来し，平均約3週間を過ごした。その後，繁殖地のアラスカ西部やチュコト半島へ再びノンストップで渡っていた（図1）。また，秋は多くの個体が日本には寄らず，太平洋を一気に南下して越冬地に戻った。ノンストップの飛行期間は最長10日間，距離にして約10,600kmにおよぶと推測された。この調査から，オセアニア島嶼部で越冬するムナグロにとって，日本が重要な春の渡りの中継地となっていることが明らかとなった。

　調査からわかったムナグロの渡りルートは，本種の渡りの一部で，例えばサイパン島で越冬するムナグロの一部は，秋にも日本に立ち寄る。また，オーストラリア南部や東部で越冬するムナグロは，渡り時期に本州で標識個体が確認されている。春と秋に日本を通過するムナグロの中には，まったく異なる越冬地で越冬するものが混じっているのだろう。

生息環境と行動パターン

　ムナグロは淡水湿地を好み，日本では水田が重要な生息環境だ。春は田植えのために水の張られた田んぼ，秋は刈り取りが終わった田んぼでよく見られ，数羽〜数十羽の群れで行動することが多い。畑，牧場や刈り取り済みの牧草地，海岸に近い丈の低い草地や荒れ地，ゴルフ場の芝生でも見られる。

発見のコツ

　本州では，春は平野部の水田地帯を探そう。4月上旬〜5月中旬に見られ，大型連休ごろに特に多い。霞ヶ浦（茨城県）付近の水田地帯の場合，4月15日ごろ〜5月15日ごろに，オセアニアから飛来した個体を含むと思われる群れが見られる。秋は8月下旬から見られ，9月に入ると幼鳥が飛来する。渡り個体は11月上旬ごろまでいるようだが，そのまま越冬するものもいる。

12 レンカク

渡り鳥に会いに行こう

1 夏羽　5月 鹿児島県（Ts）
本種はヒシやハスなどの浮葉植物の上を歩くのに適した非常に長い趾をもつ。水かきはないが，バンのように泳ぐこともある

レンカクはそのエキゾチックな外見の通り，南方系の鳥であるが，温暖化の影響なのか，近年は国内の記録が増加傾向にある。多くは幼鳥の記録だが，美しい夏羽の記録も増えてきている。

text●高木慎介

渡りのスタイル

レンカクは中国南部，台湾，フィリピン，東南アジア，インドにかけて分布し，北方で繁殖する個体は冬に南へ渡る。国内では春と秋に数少ない旅鳥として見られ，越冬することもある。記録は全国からあるが，その多くは西日本，特に九州から南西諸島で多い。

春の記録は5月中旬〜6月上旬，秋では9月中旬〜10月上旬に多いが，ほとんどが幼鳥だ。春の記録はオーバーシューティングによるもの（図-左）と考えられ，秋の記録は逆方向の渡りか（図-右），分散によるものだろう。また，九州や南西諸島での記録は7〜8月は少ないが，関東から四国ではこの時期に夏羽個体がしばしば記録される。

生息環境と行動パターン

「蓮角」の名が示すとおり，ハスやヒシなどの浮葉植物が繁茂した湖沼などを好む。しかし，これらの植物が繁茂していない，例えばヨシなどの抽水植物だけが繁茂した湖沼や湿地，水田などにも入る。水田は，水を張ったところだけでなく，水量が少なく，底が露出して泥だらけのようなところにも入ることもある。

その極めて長い趾を利用し，浮葉植物の上を歩く。水かきはないが，浮遊植物がなく，水深のあるところではバンと同様，泳ぐことができる（写真1）。

発見のコツ

9月中旬〜10月上旬の九州の南西部〜南西諸島で幼鳥が見られる可能性が高い。秋の渡り時期はアカハラダカの渡りとやや重なるため，タカ渡り観察でこれらの地域を訪れるときには，意識して探すとよい。前述の環境を手広く確認するのがよく，特に浮遊植物が多いところは狙い目だ。そしてほかの地域でも同時期に出会う可能性は十分にある。

春は5月中旬〜6月上旬の九州南西部〜南西諸島が見やすいが，秋に比べるとやや難しい。関東から四国では，7〜8月にハス池や湿地環境をチェックすると見つかるかもしれない。近年では北海道で8月に成鳥が見つかっており，北日本でも今後は期待できそうだ。

■繁殖期に生息する地域　■周年生息する地域　■越冬地

図 レンカクの日本周辺の分布と推測される迷行メカニズム（左：オーバーシューティング，右：逆方向の渡り）＊
中国南東部の個体群が，いずれかのメカニズム，あるいは分散で渡来しているのではないかと推測される

渡り鳥に会いに行こう

13 ヤツガシラ

❶ 3月 奄美大島（鹿児島県）（Ts）
防風林を走る舗装道路脇で採食していた。明るい林内や林縁部で見られることもある

ヤツガシラは数少ない旅鳥として全国を通過する，その特異な外見から人気の高い鳥だ。見られることが多いのは南西諸島，九州，日本海の離島などだが，太平洋側の地域でも十分に狙える可能性がある。

text●高木慎介

渡りのスタイル

ヤツガシラの国内記録は春の西日本〜日本海側が中心で，特に南西諸島，九州西部が多い。与那国島（沖縄県）では同時に40羽の記録があるという*1。筆者も薩摩半島南部（鹿児島県）で，1日で9羽観察したことがある。なお，国内では数例の繁殖記録もある。

国内の春の主な渡りルートは，南西諸島を島伝いに北上，九州を経由して朝鮮半島へ向かうか，日本海を突っ切って北東方向へ進むものだ。本種は春の渡りの先駆け的な鳥で，ピークは南西諸島〜九州で3月，東日本〜北海道で4月中旬だ。一方，秋の渡りの記録は少なく，日本はルートから外れている可能性があるが，7月下旬〜9月ごろの早い時期には，比較的記録が多い。このほか，温暖な地域では越冬することもある。

生息環境と行動パターン

付近に木立のある芝生，丈の低い草地，畑などの開放地で見られる。開放地はそれほど広い必要はなく（むしろ広大な開放地の中心部にはあまり入らない），民家の庭先や学校の校庭などにも渡来する。林の中を通る舗装道路の脇で見ることもある。国内では沿岸部で見られることが多い。

歩き回りながら地面に長い嘴を突き刺し，昆虫類を捕食する。休息時や，緊急時は木に止まることが多い。国内で鳴き声を聞くことはほとんどないが，ツツドリに似た，距離感の掴みづらい「ポポ，ポポ」という声でさえずる。警戒時などは消え入るような小さい声で「グシャー，グシャー」と鳴く。また筆者はムネアカタヒバリに似た「ピー」という声を聞いたことがある。

発見のコツ

確実に見たければ春の渡り時期に南西諸島，九州，日本海の離島に行くことをおすすめするが，太平洋側の各地でも狙うことはできる。ヤツガシラは春の渡りで南西諸島を多く通過するため，その時期に強い南西〜西の風が吹けば，オーバーシューティングや漂行が起き，太平洋側へ飛来する可能性がある。このようなときに開放地をチェックしていれば，出会う可能性がある。長期滞在する個体がいる一方，すぐに出発する個体も多い。こまめなチェックが発見の確率を上げるだろう。

図 日本周囲のヤツガシラの分布*2
日本海側の各離島では毎年通過しているため，本土側もコンスタントに通過していると考えられる

渡り鳥に会いに行こう

14 オオモズ

1 成鳥　4月 北海道（Sh）
春の道北では，数多くのオオモズを日替わりで観察できることがある

冬に見られるモズ類の中でも人気のオオモズは，北日本を中心に少数が見られる程度だ。そんなオオモズを効率よく見るにはいつ，どこに行けばよいだろうか。記録が多い北海道での傾向に迫ってみる。

text● 先崎啓究

渡りのスタイル

オオモズは日本で亜種 *bianchii* が主に越冬するとされ，より褐色味のある亜種 *sibiricus* が混じる可能性もある。北海道から北陸地方などの日本海側から高地，西日本では干拓地などで局所的な越冬記録があるが，北日本では越冬より，渡り途中で見られることが多いようだ。

北海道の場合，渡来数の年変動はあるが，特に見やすいのは道北最北の宗谷地方だ。秋，河川敷や海岸草地を中心に11月初旬ごろから観察機会が増える。その波は徐々に南下，11月中旬には道央に達する。同地では特に春に見られる個体数が多く，日本海側，オホーツク海側ともに4月にピークがあるようだ。この時期だと数kmの狭い範囲内で，数日間で10羽ほど見られることもある。地上付近を採食しながら移動することが多く，実際に春の渡りでは数kmにわたって木々を転々と移動しながら北上する様子が観察された。

生息環境と行動パターン

大きな河川沿いの草地や海岸沿いに見られる平地など，開けた環境で見つかりやすい。下草があまり密集しない開放地周辺で食物を探し，付近に電柱や木など，止まり場がある場所を好み，移動期は数時間〜数日間滞在する傾向がある。春の宗谷地方では，牧草地や丘陵の中の草地，低山に囲まれた平地など，さまざまな環境を利用しているようだ。

移動中でも数日間滞在する場合，小規模ながらなわばりをつくる個体が多い。行動は越冬中と変わらず，見晴らしがよい止まり場を転々と移動し，地表へ降りて，ネズミ類や小鳥類，昆虫類などを捕食する。大きな獲物の場合は枝などに突き刺して食べるため，長時間かん木の中に潜むこともある。しかし多くの場合，1時間ほどでまた食物探しを再開することが多い。

発見のコツ

見晴らしがよい場所の木や電柱，杭などのてっぺんを見回して探すとよい。オオモズが好みそうな環境を見つけてまめに通えば，遭遇のチャンスが増えるだろう。オオモズは用心深いため，発見してもむやみに近寄らず，止まり木付近でじっと待っていると近くで見られるかもしれない。数時間単位で観察するイメージをもてば，発見の確率はぐっと増すだろう。

図　オオモズの渡りルートと越冬地

渡り鳥に会いに行こう

15 ヒヨドリ

1 海上を渡るヒヨドリの群れ　新潟県 5月 (Oy)

最も身近な鳥の1つであるヒヨドリは，同時に最も身近な渡り鳥でもある。春秋には，近所で渡りの群れを見ることも多いだろう。しかしその割に，渡りについてはまだ謎も多い。

text●原 星一

渡りのスタイル

ヒヨドリは国内では8亜種に分類され，北海道～九州，伊豆諸島に分布する亜種ヒヨドリだけが渡りをする。そのほかの亜種は南西諸島や小笠原諸島に留鳥として生息する。渡りは北海道～九州，南西諸島まで全国的に見られるが，渡りルートや移動距離など，詳細はあまりわかっていない。国外では台湾や韓国など，限られた地域にしか分布していないことからも，国内だけの移動が一般的なのだろう。留鳥で渡りをしないもの，標高移動など短距離を移動するもの，そして長距離の渡りをするものが混在し，さらに年によって移動距離が変わる可能性もある。

渡りは日中に行われる。春はおよそ3～5月に渡り，ピークは5月上旬ごろ，秋は9～11月に渡り，ピークは10月上旬ごろだ。全国各地でピーク時期に差があまりないが，秋は西日本のほうが渡りの開始が早いとされる[*1]。ピーク時には数百～1,000羽を超す群れが次々に渡る様子が見られる。こうした群れがまるで1つの生物のように飛び回る様子は圧巻だ。

生息環境と行動パターン

平地から山地の森林，公園，住宅街，農耕地など，多少でも樹木があればどこでも見られるような鳥。逆に山奥や山岳地帯では少ない。

早朝から渡りはじめる群れもいるが，どちらかというと日が昇ってから渡りはじめる群れのほうが多い。岬などから海に出た群れは，海面の低いところを渡る。

発見のコツ

伊良湖岬（愛知県），龍飛崎（青森県），白神岬（北海道）など有名なポイントもあるが，時期になれば各所で渡りが見られ，身近な場所でも林から林へ農地や街中を横切る姿を目にする。海沿いでは居着きのハヤブサや渡り途中のハイタカなどが群れを襲撃する場面にもよく出くわし，両者の攻防戦も観察できる。襲撃に対して群れの形や動きがさまざまに変化する様子や，時には群れから外された個体が捕えられ，渡りの厳しさを感じる場面が見られることもある。

南西諸島のように，亜種ヒヨドリ以外の別の亜種が留鳥として生息する地域を訪れた際は，ヒヨドリの羽色にも注目してみよう。南西諸島の亜種はそれぞれ亜種ヒヨドリより羽色の褐色味が強いが，本土で見られるヒヨドリと同じような灰色の個体も少なくなく，時に大きな集団にも出会う。このようなヒヨドリは，おそらく本土から渡ってきたのであろう。

104

渡り鳥に会いに行こう

16 オジロビタキ・ニシオジロビタキ

❶ オジロビタキ 第1回冬羽　12月 大阪府（Uy）

❷ ニシオジロビタキ 第1回冬羽　12月 大阪府（Uy）

オジロビタキ（以下，オジロ）とニシオジロビタキ（以下，ニシ）は，DNAや形態，声の違い，繁殖分布がほぼ重ならず，交雑例も限られることなどから，近年は別種とするのが普通だ。両種の日本での分布状況をひと言で表すと，オジロは旅鳥，ニシは冬鳥となる。

text●梅垣佑介

渡りのスタイル

●オジロビタキ

ウラル山脈以東のユーラシア大陸北部で広く繁殖し，インド亜大陸や東南アジア半島部，中国南東部で越冬する。国内では主に日本海側を春と秋に少数が通過。春の渡りはニシより遅く，5月中～下旬に主に島嶼部を通過する。秋の渡りはニシより早く，9月下旬～10月下旬に通過するが，稀に太平洋側でも見られる。近年，冬の本州平野部での記録が増えている。

●ニシオジロビタキ

ウラル山脈以西のヨーロッパ中東部で繁殖し，従来はインド亜大陸で越冬すると考えられてきたが，少数が日本を越冬地としているようだ。秋はオジロより少し遅い10月中旬以降に渡来し，日本海，東シナ海沿岸部を中心に全国的に記録がある。本州以南では少数が越冬し，樹木が多い都市公園でも見られる。4月中～下旬には渡去するため，オジロが見られる5月中旬以降には，通常見られない。

生息環境と行動パターン

両種とも大きな木のある林の縁や公園などの林内のほか，下生えが密な林で見られることもある。警戒時に避難できる，暗い林や高木のある林と，採食に適した明るい林縁がセットになる環境を好む。

翼を小刻みに震わせながら尾を上げ，ゆっくり降ろす行動をくり返すのをよく見る。採食時は林内の中～低層で行動し，ホバリングをしたり地上に降りたりして，クモ類やチョウ・ガの幼虫などを捕らえる。

発見のコツ

両種とも日本海側からの記録が多いが，渡り途中のニシは太平洋側の小さな公園でも見られることがある。大きな公園ならニシが越冬したり，冬にオジロに出会う可能性もある。

この2種は地鳴きで気づくことが多いため，意識を向けてみよう。両種ともぜんまいを巻いたような声（トリル）で鳴き，速さが異なる。ニシは「ビティティティ」と聞こえ，声にいくつの音があったか数えることができる。オジロは「ジィィィッ」と聞こえ，1つ1つの音を数えられない。

図 両種はウラル山脈付近で分布が重なるが，交雑は限定的とされる。北西アフリカでの越冬状況は詳細不明

渡り鳥に会いに行こう

17 | マミチャジナイ

1 雄成鳥　10月 青森県（Hs）
峠の上空を南へ向かう群れの中の1羽。本種を中心に構成された100羽以上の群れが次々と現れ，通過していく「当たり日」の光景は見応えあり。飛翔時も近くで見られれば眉斑などの顔の白色部や，雄特有の青色味を帯びたグレーの頭は意外と目立つことがわかる

2 水を飲みに来た群れ　3月 広島県（Hs）
この日の都市公園にはシロハラ，アカハラを押しのけるように多数のマミチャジナイが写真のような状態でいた。群れで採食したり水を飲んだり，樹冠や林上空からは飛翔しながら鳴く彼らの声でにぎやかだった

マミチャジナイは国内では少数が越冬するものの，その多くは春秋の渡りの時期に見られるのみで，出会うとうれしい大形ツグミ類だ。地域によって大群が上空を通過したり，夜に空から声が降ってきたりと，渡りの瞬間を実感させてくれる。

text●原 星一

渡りのスタイル

マミチャジナイの渡りは年変動が大きいが，春は4〜5月，秋は9〜11月と，比較的長い期間渡りが見られる旅鳥で，西日本では少数が越冬もする。峠や岬などでは，数百羽の大群が上空を渡る様子を観察できることもある。夜間から早朝に渡り，街中でも夜間に本種のフライトコールを聞くことがある。渡りは全国的に観察できるが，春秋ともに日本海側のほうがより多い傾向にありそうだ。

生息環境と行動パターン

主に林内に生息するが，採食のために農耕地や芝地，果樹園などの開けた場所にも出る。都市公園などの孤立した緑地や山あいの森林など，ルートと重なる地域では比較的どこでも出会う機会がある。

単独か群れで行動し，シロハラ，アカハラなどの大形ツグミ類としばしば行動するが，本種が中心の大群をつくることもある。ほかの大形ツグミ類同様，地面に落ち葉をめくって昆虫などを採食するほか，マユミ，ナナカマド，ヤマブドウ，ヌルデ，モチノキ類といったさまざまな実や種子も食べる。果樹園に残るリンゴなどの果物に集まることもある。

発見のコツ

秋から冬は前述のような実のなる木を中心に探すと効率がよい。春は動きはじめた昆虫などを求めて堆肥置き場や芝生などに集まるが，森林性の種なので，できるだけ林に近い場所のほうがよさそうだ。日本海側など数の多い地域では本種中心の群れもよく見られるが，太平洋側のような数の少ない地域では，ほかの大形ツグミの群れのチェックが発見につながることもある。

ところで，アカハラやシロハラ，クロツグミなどの大形ツグミ類に特有の「ツリィー」や「ヅィー」などと聞こえる声を聞いたことはあるだろうか？ 渡り期の夜にはこのような声を聞く機会があり，マミチャジナイも同じような声を出すのだが，慣れるとある程度はこの声で種を識別できる。日中の観察やモーニングフライト時など，声の正体がわかる状態で訓練し，夜にも耳を澄ませてみよう。すると思いのほか，マミチャジナイがたくさん通過していることを体感できる。

図 地域ごとのマミチャジナイの渡りの観察しやすい時期

渡り鳥に会いに行こう

18 | コルリ

① 雄第1回夏羽　5月 青森県 (Hs)
春の渡り時期、平地の森の中でさえずっていた

コルリはオオルリ、ルリビタキと並ぶ、「三大青い鳥」の1つとしてもよい美しい小鳥だ。北国や山地の涼しい地域の鳥というイメージだが、渡りの時期には平地の身近な場所で姿が見られることもある。

text●原 星一

渡りのスタイル

本種は北海道から九州に夏鳥として渡来し、東南アジアで越冬する。渡りは単独から最大十数羽の群れとなり、北海道から九州の日本海側を中心に全国で観察の機会がある。ただし、トカラ列島以南では渡り個体の観察例が極端に少ないので、少なくとも一部の個体は東シナ海を横断するように九州と大陸を行き来しているようだ。

春は、4月中旬に西から順に渡来しはじめ、本州中部のピークは4月下旬～5月上旬。東北や北海道では少し遅く、5月上旬ごろから渡来しはじめ、5月中旬に渡りのピークがある。秋の本種は、センダイムシクイ、エゾムシクイ、サンショウクイと並んで最も早く渡りはじめる夏鳥の代表格だ。早い個体は7月中に渡りはじめ、北海道と東北の渡りのピークは8月中下旬、本州中部では8月下旬～9月上旬ごろだ。九州では9月下旬ごろまで観察される。

生息環境と行動パターン

山地の森林で繁殖するが、北海道や東北北部などの北国では、低標高の地域でも繁殖する。下草や低木層、特にササ類が茂る明るい広葉樹林やカラマツ林で数が多い。近年、地域によってはシカの増加により下層の植生が貧弱となり、生息数の減少が懸念される。

繁殖地ではササやぶなどのやぶにいることが多く、さえずりは聞こえても姿が見えないことが多いが、早朝や飛来直後は樹上など目立つところでよくさえずる。

発見のコツ

春の渡りでは、平地の林や都市公園、離島などの通過地でも、早朝に独特の前奏から始まるさえずりを聞くことができ、それが発見につながる。秋はさえずらないので目につきにくいが、近くを通る人の姿を見て警戒したときなどに発する「タッタッ」という、舌打ちにも似た地鳴きで存在に気づくこともある。少ない気配を逃さないようにしよう。

また、朝夕の薄暗い時間や人通りの少ないところでは、歩道の脇といった開けた場所にも現れ、昆虫類や木の実、種子を採食する様子が観察できる。都市公園などでは低木の植え込みなど、繁殖地ほどやぶが深くないところにも潜み、渡りの時期ならではの見やすさだ。秋の渡りは開始、ピークとも早いため、お盆のころなど、まだ暑い時期に探鳥地に行けば、全体に鳥影は少ないものの、ほかの早渡りの小鳥と合わせて観察を楽しめるだろう。

春：5月上～中旬
秋：8月中旬～9月上旬

春：4月下旬～5月中旬
秋：8月中旬～9月中旬

春：4月中旬～5月上旬
秋：8月下旬～9月下旬

図 コルリの繁殖域（黄色）と、通過個体の観察しやすい時期
春は内陸ほど飛来が遅くなる傾向がある

渡り鳥に会いに行こう

19 メボソムシクイ上種

1 メボソムシクイ 5月 大阪府（Uy）

メボソムシクイ上種は識別が難しく、渡りの実態はまだ正確にわかっていない。ここでは現在までにわかっている情報をまとめてみよう。

text●梅垣佑介

渡りのスタイル

●**メボソムシクイ**（以下、メボソ）
　本州、四国、九州で繁殖し、フィリピンなどで越冬すると考えられる。4月下旬～5月中旬に日本列島を縦断するように北上、東進して繁殖地に向かう。秋は8月下旬に繁殖地を離れるものもいれば、10月下旬まで繁殖地付近の山地に留まるものもいる。9月上旬～10月下旬に再び日本列島を縦断するように南下し、九州から南西諸島、台湾を経てフィリピンに向かうと考えられる。

●**オオムシクイ**（以下、オオ）
　北海道東部とカムチャツカ半島、サハリンなどで繁殖し、フィリピンやバリ島などで越冬すると考えられる。春は5月上～中旬以降に中国東岸から東シナ海を横断し、九州西岸から本州の主に日本海側を北上する。朝鮮半島付近から日本海を横断して本州、北海道に飛来するものも多い。北海道の日本海側では7月上旬まで見られる。秋は9月上旬以降、日本海側を中心に日本列島を幅広く南下する。本州では9月下旬～10月中旬に多い。渡り時期は春秋ともにメボソより少し遅く、本州平野部では11月上旬まで見かける。

●**コムシクイ**（以下、コ）
　ユーラシア大陸北部とアラスカ西部で繁殖し、東南アジアで越冬。春は大陸沿岸部を北上するが、5月中旬に九州北部や日本海側の島嶼を少数が通過する。秋は8月下旬～10月上旬に朝鮮半島から九州北部に入り、九州西岸を南下して南西諸島に至ると考えられる。八重山諸島では少数が越冬し、4月中旬まで見られる。これらは亜種アメリカコムシクイとされるが、基亜種コムシクイとの識別点は不明。

生息環境と行動パターン

　3種とも落葉・常緑混交林内のギャップ（木々のすき間）付近や林縁を好むが、非繁殖期は草木があるさまざまな環境を利用する。秋のオオはトベラなどの低木やアシ原、丈の低い草地にも入るし、南西諸島のコはギンネムなどの低木林やマングローブ林でも見られる。
　枝先を活発に動き回り、チョウやガの幼虫、バッタ類やクモ類をホバリングや追尾で捕食する。メボソはほかの2種より動きが鈍く、最も地鳴きを発さない。3種ともカラ類やメジロ、エナガなどと混群をつくる。

発見のコツ

　林内では発見しづらいが、獲物を追いかける鳥影や、捕らえたときの「パチッ」という嘴の音に注意して探そう。地鳴きでも識別可能なため、見つけたら鳴くまで辛抱強く待とう。

図1 春の渡りルート
メボソは日本海側や内陸部を通過し、太平洋側の平野部ではあまり見られない。オオも同様で、特に日本海側に多い。コは4月中旬までに南西諸島を出発し、少数が九州北部で見られる

図2 秋の渡りルート
いずれの種も渡り時期は長く、本州本土では11月上旬までオオを見ることがある。また、春より広範囲を渡り、本州の太平洋側平野部でもメボソやオオが見られる

渡り鳥に会いに行こう

20 オオセッカ

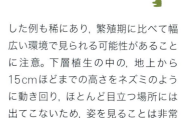

① 冬羽 11月 茨城県 撮影●及川樹也
繁殖期よりも赤褐色味が強く見えることが多い。セッカの冬羽とは尾が長い点が似るが、尾羽の先端が白く、上面がより明るい色に見えることから見分けられる。なおセッカの地鳴きは「チュ」という細い声

東日本のヨシ原に局地的に繁殖分布するオオセッカは、繁殖期に飛びながらさえずる派手なディスプレイをする。一方、非繁殖期の彼らの行動はいたって地味だ。国際的な希少種である彼らの様子を非繁殖期に確認する方法を紹介しよう。

text●小田谷嘉弥

渡りのスタイル

国内には亜種オオセッカが分布し、仏沼周辺と津軽半島（青森県）、八郎潟（秋田県）、渡良瀬遊水地（栃木県など）、利根川下流域（千葉県・茨城県）で繁殖する。渡りの開始は10月ごろからで、越冬地には11月中～下旬に到着するようだ。東北～中国地方までの主に太平洋側の各地で、局地的に越冬が確認されるが、未発見の越冬地もかなりあると思われる。

生息環境と行動パターン

繁殖期と同様、ヨシ原の湿性草地に生息する。スゲ類やクサヨシなどの下層植生が数十cmの厚さで発達している場所を好む。繁殖期は水位が数cm程度の場所を好むが、渡り時期や越冬期には冠水したヨシ原に入ることもある。乾燥したヨシやオギの群落で越冬した例も稀にあり、繁殖期に比べて幅広い環境で見られる可能性があることに注意。下層植生の中の、地上から15cmほどまでの高さをネズミのように動き回り、ほとんど目立つ場所には出てこないため、姿を見ることは非常に難しい。

発見のコツ

生息の確認には鳴き声が有効だ。本種は日の出・日没前後にだけ「ズビビビ……」と特徴のある声で鳴き交わす。渡来初期には、この声を出しながらヨシの茎の高い位置に止まることもある。また、朝夕にはウグイスとコヨシキリを足して2で割ったような、早いテンポの「ジャジャジャ……」という地鳴きも頻繁に出す。探すときは、オオセッカが好む環境で、風のない日の日没・日の出前後の時間帯を狙おう。また、中継地や越冬地でも、3月中旬ごろからさえずることがある。繁殖期と異なり飛び上がって鳴いたりはしないが、注意していればヨシの低い茎に止まってさえずるのを見られるかもしれない。

繁殖地（黄点）
繁殖：4～9月

越冬地（青）
越冬：11～3月

図● 亜種オオセッカの分布

人気の渡り鳥出会い方ガイド 109

渡り鳥に会いに行こう

21 | ツメナガセキレイ

1 亜種マミジロツメナガセキレイ　5月 悪石島（鹿児島県）（Ts）
リュウキュウチクの茂った放牧地を歩き回って採食していた。この個体は開けたところに出てこなかった

2 亜種マミジロツメナガセキレイ　5月 平島（鹿児島県）（Ts）
堆肥に止まっていた。付近にはリュウキュウチクの茂みがあり、筆者の接近に気づくとリュウキュウチクのてっぺんに飛び上がったり、大きく飛んで遠方へ逃げたりと、観察の難しい個体だった

本種には、国内で6亜種の記録があるとされる。美しい夏羽が見やすい地域は限られるが、秋は本州の太平洋側でも幼鳥が渡来することがある。ここでは国内で比較的記録の多い4亜種について記す。

text●高木慎介

渡りのスタイル

亜種ツメナガセキレイ（以下、亜種ツメナガ）が北海道北部で繁殖する以外、ほかの亜種は旅鳥として春と秋に主に南西諸島、九州、対馬を多く通過し、日本海側の離島、北海道西部も定期的に通過するが多くはない。本州の日本海沿岸でもあまり観察例を聞かない。渡るのは亜種ツメナガと亜種マミジロツメナガセキレイ（以下、マミジロ）が多い。亜種キタツメナガセキレイ（以下、キタ）は少なく、亜種シベリアツメナガセキレイ（以下、シベリア）はさらに少ない。

南西諸島では多数越冬し、近年は九州でも越冬例が増えている。越冬個体は亜種ツメナガが多く、マミジロも少数いる。九州で春の渡りは4月中旬〜5月中旬ごろで、大型連休前後に多い。亜種ツメナガの渡りのピークはマミジロよりやや早い印象があり、キタとシベリアはマミジロと同様の傾向。秋の渡りは8月下旬ごろから見られ、9月中旬〜10月中旬が多い。九州では一般に1〜10羽程度の小群だが、秋は数十〜100羽程度の群れが見られることがある。

生息環境と行動パターン

草地、田畑、牧場などで見られ、小さな離島では海岸に出現することもある。ハクセキレイとともに行動することもあるが、やや警戒心が強い傾向がある。そのため、草丈が高い草地のような、身を隠しながら採食できる場所や、草やぶや電線などの避難先が近接した開放地などを好むようだ。

発見のコツ

本種に限らず、セキレイ類は鳴き声に注意すると発見しやすい。本種の地鳴きは「ビジッ」と濁る。同様に地鳴きが濁る国内のセキレイとして、セグロセキレイとキガシラセキレイがいるが、慣れると聞き分けも可能だ。不慣れなうちは濁った地鳴きのセキレイはすべてチェックするとよいだろう。秋の幼鳥は太平洋沿岸部でも比較的記録がある。また、春に西寄りの風が吹いたときは南西諸島からのオーバーシューティングやドリフトも期待できそうだ。

少数が定期的に通過する地域

春秋に多く通過する地域

■ 亜種ツメナガ繁殖地
■ マミジロ繁殖地
■ キタ繁殖地
■ 越冬地

図 日本周辺のツメナガセキレイの分布
通過地域の囲みは、日本海の離島を省略*1

渡り鳥に会いに行こう

22 | シベリアジュリン

② **本種の越冬環境** 1月 茨城県（Oy）
手前の採草地と奥の低茎草地を利用していた

① **雄**（上）と**ホオジロ**（下） 2月 宮城県（Sm）
ホオジロより明瞭に小さく，嘴が小さい

渡り鳥の代表格と言えるホオジロ類の中では地味だが，見つけるとうれしいのがシベリアジュリン。彼らを探し出すコツを紹介する。

text● 先崎理之

渡りのスタイル

シベリアジュリンはオホーツク海北部〜ウラル山脈で繁殖し，冬は朝鮮半島〜中国南東部沿岸まで南下する（図）。主要な渡りルートはロシア沿海地方だが，4〜5月前半と10〜11月に日本海側を少数が定期的に通過し，山陰や九州の平野部では少数が越冬する。また，太平洋側の平野部でもごく少数が越冬するようだ。

生息環境と行動パターン

農耕地や河川敷などに潜み，ケイヌビエなどのやわらかめの下層植生が茂った草地で見つかることが多い。越冬個体の行動パターンはだいたい決まっており，草地を隠れ家的に利用して，隣接する畑などで採食する。ヨシやススキの穂を食べることもある。離島や日本海側では，渡り時期に漁港の荒れ地，校庭の一角などに残る小さな草地をこまめに探せば見つかることがある。なお，本種はヨシの茎に潜むカイガラムシなどの昆虫をあまり食べないためか，草丈が高く，密なヨシ原にはあまり入らない。

発見のコツ

九州を除き，越冬個体は比較的見落とされている可能性がある。探索は風の弱い午前中がおすすめ。ただし，穏やかな日は午後でも活発なことがある。河川敷や比較的広めの農耕地から，生息に適していそうな低茎の草地を見つけ，草地の縁を歩きながら探すのが最も効果的だろう。直立する植物に止まって種子を食べる個体もいるが，草地の縁付近の地面で採食していることも多いので，見落とさないようにしたい。万が一，確認する前に飛ばれてしまっても，しばらくすると戻ってくることが多いので，少し離れて粘ってみよう。

また，積雪のない地域の農耕地では，シベリアジュリンに限らず，焼き畑も観察ポイントとなる。熱から逃れようとクモなどが地表に多く出現し，それらを求めて多くの小鳥たちが集まるためだ。

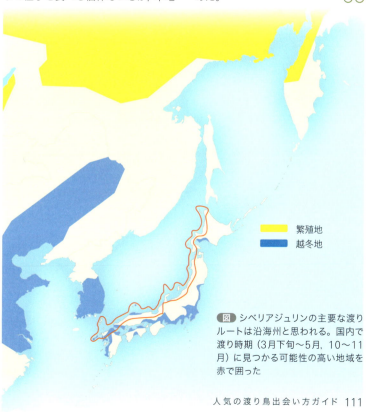

■ 繁殖地
■ 越冬地

図 シベリアジュリンの主要な渡りルートは沿海州と思われる。国内で渡り時期（3月下旬〜5月，10〜11月）に見つかる可能性の高い地域を赤で囲った

Column 6

迷鳥飛来のメカニズム②

text●梅垣佑介

漂行（drift）

　漂行とは、悪天候に巻き込まれたりして疲弊した渡り鳥が、体力の消耗を避けるために風に流される現象だ。地上に降りて悪天候をやり過ごせない、海上の渡り途中に最も顕著に起こる。

　漂行の劇的な例は台風だ。強烈な雨風がその鳥本来の移動を妨げ、台風のルート上に多くの鳥をもたらす（図）。海上を帆翔するのに長けたミズナギドリ類やグンカンドリ類（写真1）などの海鳥が、台風通過後に見つかる例は枚挙にいとまがない。

　小鳥たちも、風に流されて思わぬ場所に飛来することがある。日本海側の離島から迷鳥の記録が多いのは、誤った方角への渡りやオーバーシューティング（→P.88）によって日本海上まで到達した鳥たちが、春なら南～西の風、秋なら北～西の風に流されて日本付近まで飛来し、疲れ果てて初めて見えた陸地（＝離島）に降り立つ、というケースが多いためと考えられる。

拡散

　生息環境の急変や食物の急激な減少によって各方向に長距離の移動を行うケース。アカツクシガモ、カモメ類、クイナ類、サギ類、ウミスズメ類などが該当する。サケイ、ケアシノスリ、シロフクロウ、オオカラモズなどは年によって多数が南下する。

近縁種との混群による飛来

　渡り途中に近縁種の群れと合流して一緒に飛来するケースは、ガン・カモ・ハクチョウ類、シギ・チドリ類などで知られる。ほかのハクチョウ類に混じるナキハクチョウや、トウネンに混じるヒメハマシギなどが代表例だ。

人為的要因

　通常分布しないはずの鳥が出現した際、ペットなどの飼育鳥が逃げ出した（逸出した）可能性は常に考えねばならない。また、日本付近で飼育鳥が逸出して数が増え、二次的に分布

図　2009年の台風11号（青）と2010年の台風12号（赤）の経路図
太平洋上を北上した2つの台風が千葉県銚子市沖を通過し、ヒメシロハラミズナギドリなどの海鳥が記録された

1　コグンカンドリ若鳥
9月 大阪府（Uy）
台風によって漂行する海鳥の代表格

するようになった地域から日本に飛来するケースもある（アフリカクロトキ、ミドリカラスモドキなど）。さらに、1981年1月に大阪市此花区で見つかったイエガラスのように、船舶に乗って渡来することもある[*1]。

渡りの謎を秘めた迷鳥たち

　迷鳥の記録が長年蓄積されているイギリスでさえ、11～60％が人に発見されず通過しているとされる[*2]。迷行は我々が気づくよりもはるかに多く発生しており、それは鳥たちの分布拡大や生存のための「通常の手立て」かもしれない。迷鳥は単なる珍品ではなく、まだ知られていない渡りの一端を示していたり、鳥の分布がダイナミックに変化する予兆を表していたりすることがあるのだ。

※「迷鳥飛来のメカニズム①」（→P.88）も参照

マガン　10月 北海道 (Ts)

第6章

分類別，渡り鳥
おすすめ観察スポット

渡り鳥のフライウェイの中にある日本は，各地に渡り鳥観察に適した探鳥地がある。本章では鳥のグループ別に探鳥地を挙げ，おすすめの時期や見られる鳥の例も含めてガイドする。紹介した探鳥地はのべ200か所以上，日本が「渡り鳥の国」であることを感じ取れるはずだ。

シロハラホオジロ雄　5月 平島
（鹿児島県）(Ts)

01 渡り鳥おすすめ観察スポット
ワシタカ類

タカの渡りと言っても，地域ごとに見られる種類や見え方，海越え，山越えといったシチュエーションもさまざまで，観察地ごとの醍醐味がある。お気に入りの観察地に通うのもよいし，全国の観察地を点々と巡るのもまた楽しいだろう。

text●原 星一

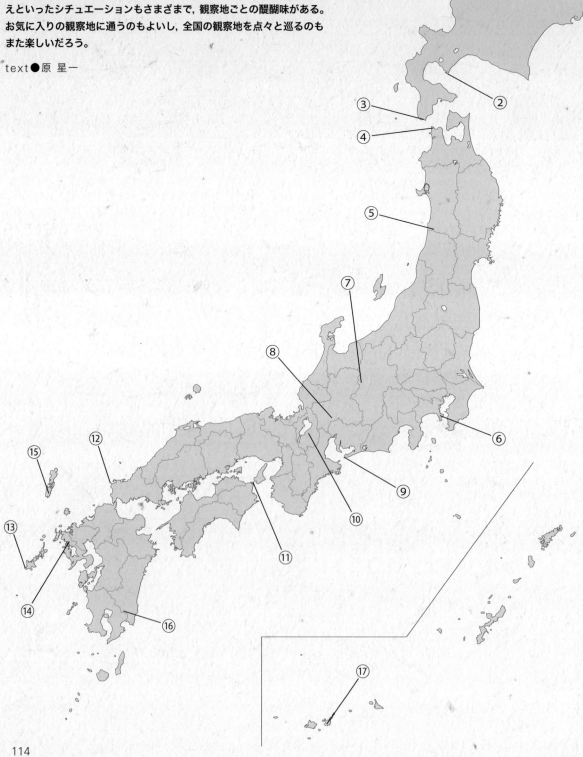

① **宗谷岬**（北海道稚内市）
　春は3～4月中旬、秋は10月下旬～12月上旬。宗谷岬公園や灯台付近の駐車場から見るのがおすすめ。オジロワシ、オオワシ、ノスリの大規模な渡りが見られる。クロハゲワシ、シロハヤブサ、ケアシノスリが観察されたことも。

② **測量山、地球岬**（北海道室蘭市）
　秋、噴火湾に向けて飛び立つ多くのタカを観察できる。9月はハチクマ、ツミ、10月はノスリ、オオタカ、ハイタカがメイン。11月は少数のオオワシとオジロワシ、多数のトビが渡る。時折チゴハヤブサ、チュウヒ類、クマタカなども見られる。

③ **白神岬**（北海道松前町）
　春秋ともタカの渡りを観察できる。気象条件次第だが、秋なら低空を飛ぶタカ類が多い午前中がよく、日が高くなると高空から海上に出る個体が増える。春は南から海峡を越えてくるタカたちが広範囲に散らばるためやや見づらい。観察できる種と時期は、④の龍飛崎と同じ。

④ **龍飛崎**（青森県外ヶ浜町）
　春（3～5月）、秋（9～11月）ともにおすすめ。③の白神岬と異なり、春のほうがタカ類を近距離で観察できる。主役はノスリでピーク時（春：3月下旬～4月中旬、秋：10月）には1日で数千羽が渡り、ハチクマ、ハイタカ属、海ワシ類、ケアシノスリ、チュウヒ類、チゴハヤブサなど年間15種類程度が見られる。観察は風が弱い日のほうがおすすめ。

⑤ **鳥海山**（秋田県、山形県）
　春は3月下旬～5月中旬、秋は9～11月上旬。タカがよく通過するのは山頂より標高の低い東西の山ろくだ。主に見られるのはハチクマ、ノスリ、ハイタカ、ツミ、オオタカ、サシバ。イヌワシやクマタカの出現にも期待。

⑥ **武山**（神奈川県横須賀市）
　タカの数は少ないが、ほかのスポットより首都圏からのアクセスがよい。比較的タカの数が多い秋がおすすめ。ハチクマは9月下旬、サシバは9月下旬～10月中旬にピークとなることが多い。同時期にツミ、チゴハヤブサなども少数渡る。サシバの渡り終了後、12月上旬ごろまで東方向に渡るハイタカが少数観察される。

⑦ **白樺峠**（長野県松本市）
　秋がメイン。サシバやハチクマの渡りのピークは9月の敬老の日・秋分の日ごろ。10月はノスリとツミがメインとなる。観察場所の広場は谷を見下ろす視界となるため、渡るタカを見下ろせることも。11月以降もノスリ、ハイタカなどが渡るが、観察地へ向かう林道が冬季閉鎖となるため、訪れる場合は注意。

⑧ **金華山**（岐阜県岐阜市）
　市街地から近く、手軽にタカの渡りを観察できる。9月はサシバとハチクマ、10月はノスリとツミを中心に、オオタカ、ハイタカ、チゴハヤブサ、ミサゴなども少数通過する。

⑨ **伊良湖岬**（愛知県田原市）
　タカの渡り観察では最古参の観察地の1つで、秋がメイン。サシバやハチクマのピークは、内陸側にある③の白樺峠などより遅く、9月末～10月上旬ごろ。ハチクマは大半が幼鳥。10月中旬以降はノスリやツミ、ハイタカが増え、ハイタカは東へ向かう個体もいる。アカハラダカは時折出現。

⑩ **猪子山**（滋賀県東近江市）
　近年知られるようになった近畿地方有数の観察地。サシバやハチクマは9月後半に集団が観察され、10月にはノスリがメインとなり、ツミなども混じる。

⑪ **鳴門公園**（徳島県鳴門市）
　淡路島から鳴門海峡を越えてくるタカたちを正面から出迎えるスポット。メインは9月中旬～10月上旬のサシバで、ハチクマも混じる。その後は晩秋までノスリ、ハイタカが渡る。

⑫ **角島**（山口県下関市）
　3～4月、朝鮮半島に向けて日本海に飛び立つハイタカが多く観察できる。

⑬ **大瀬崎**（長崎県五島市）
　国内最大のハチクマの渡り観察スポット。9月中旬～10月上旬が見ごろで、早朝からたくさんのハチクマたちが東シナ海へと飛び立っていく。100以上のタカ（ハチクマ）柱も珍しくない。滞空時間も長く、じっくり観察できる。9月中旬にはアカハラダカの群れも観察されるが、同じ島内の鬼岳のほうが見やすい。

⑭ **烏帽子岳**（長崎県佐世保市）
　9月、南下するアカハラダカの群れと、西進するハチクマの群れが渡る光景が見られる。アカハラダカは日の出後1時間くらいから、周囲で一夜を過ごした個体が渡っていき、昼ごろには対馬から南下してきたと考えられる群れが到着する。なお、気象条件によって渡りルートが動くようで、対馬でたくさん出たとしても、それほど通過しないこともある。

⑮ **内山峠**（長崎県対馬市）
　国内最大のアカハラダカの渡りスポット。かつては9月に十万羽以上が渡ったが、近年は数万羽程度。それでもピーク時（9月15日前後）には1日で数千～1万羽以上は見られる。空いっぱいにアカハラダカが広がる光景を期待したい。

⑯ **金御岳**（宮崎県都城市）
　9月末～10月前半の晴れた日に数百～1,000羽を超えるサシバが通過する。午前中のほうが近くを飛ぶことが多い。特に10月第2週がよく、数千羽のサシバが見られることも。サシバ以外の渡りのタカ類は極めて少ない。

⑰ **バンナ岳**（沖縄県石垣市）
　9月下旬にアカハラダカ、10月中旬にサシバの渡りのピークがある。観察はバンナ岳スカイラインの渡り鳥観察所がおすすめ。林内を歩く際は毒蛇のハブ（サキシマハブ）に要注意。

分類別、渡り鳥おすすめ観察スポット　115

02 渡り鳥おすすめ観察スポット
ガンカモ類

ハクチョウ類やガン類は，私たち日本人に古くから渡り鳥の象徴としてとらえられてきた。竿になり，鍵になり——と古くから表現されたように，空高くをにぎやかに鳴きながら渡るからだ。ここでは，そんなハクチョウ類・ガン類を含むガンカモ類の渡り観察にいち押しのスポットを紹介しよう。

text●先崎理之

①稚内港（北海道稚内市）
12〜2月に港内でコオリガモ，クロガモ，シノリガモ，ウミアイサなどが見られる。迷鳥ではケワタガモ2例（2003，2006年），コケワタガモ1例（2011年）の記録あり。

②サロベツ原野〜稚内〜浜頓別
（北海道豊富町，稚内市，猿払村，浜頓別町）
観察適期は9〜11月と4月。ガン類は兜沼や振老沼などサロベツ原野，コハクチョウは稚内大沼やクッチャロ湖がメイン。オナガガモ，ヒドリガモなどはピーク時に数万羽を超える。鳥との距離が遠いので望遠鏡が必須。

③根室半島（北海道標津町，根室市）
11〜3月には各漁港でコオリガモなどが近くで見られる。迷鳥ではオオホシハジロ，ヒメハジロ，アラナミキンクロ，アメリカビロードキンクロ，ニシビロードキンクロの記録がある。野付半島は北側の海岸で海ガモが多い。野付湾内は国内最大のコクガンの寄留地（最大6,000羽）。

④十勝川河口
（北海道浦幌町，豊頃町）
9〜11月と4月，ガン類は川の左岸（東岸）側の農耕地に多い。十勝川河口や大津漁港ではオオホシハジロ，ヒメハジロの記録あり。やや遠いが，帯広市街近くの帯広川と札内川合流点付近はカモ類の観察スポット。

⑤勇払平野〜石狩平野
（北海道美唄市，札幌市，千歳市，苫小牧市）
9〜11月，3〜4月がおすすめ。ウトナイ湖，長都沼，千歳川遊水地群，宮島沼が有名。シジュウカラガン，カリガネ，トモエガモ，シマアジ，アメリカヒドリ，アメリカコガモは毎年出現している。

⑥廻堰大溜池・砂沢溜池
（青森県鶴田町）
観察適期は10〜12月上旬と3〜4月。数万羽のガン・ハクチョウ類とオナガガモは圧巻。ハクガンの群れも立ち寄る。

⑦八郎潟・小友沼
（秋田県大潟村，能代市）
観察適期は11〜3月。国内最大規模のガン類の寄留地。近年はハクガンの群れが越冬し，数千のシジュウカラガンが見られる。小友沼は厳冬期には結氷するため注意。

⑧最上川河口（山形県酒田市）
11〜3月に1万羽以上のハクチョウ類・カモ類が越冬する。トモエガモのほか，アカツクシガモなど迷鳥の記録も多い。

⑨仙台平野（宮城県栗原市，登米市，大崎市）
11〜3月が見ごろで，国内最大規模のガンカモ類の越冬地。蕪栗沼，伊豆沼・内沼，化女沼（亜種ヒシクイ）が有名。カリガネ，シジュウカラガンの国内最大の越冬地。

⑩新潟平野・朝日池
（新潟県新潟市，阿賀野市，新発田市，上越市）
11〜2月，亜種オオヒシクイを中心としたガン類は福島潟と朝日池が観察適期。鳥屋野潟，瓢湖，佐潟をはじめとし，どの湖沼でもコハクチョウや淡水性カモ類が多い。特に瓢湖ではアメリカヒドリ，トモエガモ，ミコアイサが近距離で見られる。

⑪霞ヶ浦
（茨城県土浦市，かすみがうら市）
11〜3月にかけて，狩猟期間は禁猟区となっている土浦入，高浜入にマガモ，ヒドリガモを中心とした数万羽の水面採食ガモが入る。コガモ，ハシビロガモ，オカヨシガモも個体数が多く，アメリカコガモやトモエガモが混じる。霞ヶ浦南岸の稲波干拓は関東唯一のオオヒシクイ越冬地（100羽ほど）。

⑫利根川河口・銚子漁港・波崎新港
（千葉県銚子市，茨城県神栖市）
11〜3月の港内が主なポイント。シノリガモは銚子の千人塚前の岩礁が休息場所。クロガモやビロードキンクロは港内に入るほか，春の渡り時期には波崎新港北側の浜で大群が見られることがある。アラナミキンクロ，コスズガモ，メジロガモの記録あり。

⑬九十九里浜
（千葉県横芝光町，一宮町）
11〜3月の栗山川と南白亀川の河口や一宮海岸がよい。クロガモ，ビロードキンクロのほか，アラナミキンクロやアメリカビロードキンクロの記録もある。

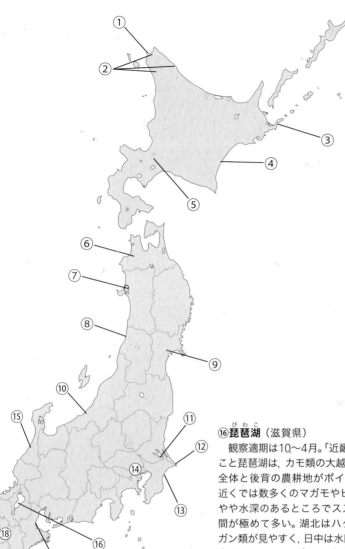

⑲ 米子水鳥公園・宍道湖・斐伊川河口 (鳥取県, 島根県)

米子水鳥公園の湿地や斐伊川では10〜4月に数多くのマガモ属, ハクチョウ類・ガン類が見られ, アカツクシガモやメジロガモといった記録も多い。中海と宍道湖は潜水ガモ類が多く, ホオジロガモ, ビロードキンクロなどの記録もある。

⑳ 大濠公園 (福岡県福岡市)

11〜3月が観察適期。九州では貴重な, カモ類を間近で見られる都市公園で, 公共交通機関のアクセスも容易。マガモ属やスズガモ属を観察できる。かつてはアカハジロ, メジロガモ, アカハシハジロの渡来で有名だったが, 近年は稀なカモ類の記録は少ない。

㉑ 有明海沿岸部 (佐賀県)

11〜4月まで, 多数のツクシガモが渡来する。干潟のほか, 後背地のハス田にも少数が入る。アカツクシガモの記録もしばしばある。干拓地のクリークや池にはシマアジがよく入り, 春は4月, 秋は9〜10月上旬が見やすい。

㉒ 諫早干拓 (長崎県諫早市, 雲仙市)

観察適期は11〜3月。ガンカモ類の観察は主に巨大な調整池を見ることになる。スズガモ属の大群は圧巻で, トモエガモが大群で入ることも。ハクチョウ類, ガン類も少数が安定して入る。夜間に干拓地を回ると, マガモやヒドリガモの群れが農地で採食する様子を観察できる。

㉓ 出水 (鹿児島県出水市)

ツルの渡来で有名だが, ガンカモ類の渡来も多い。カモ類の観察には11〜3月がよい。ツルの保護区内外でヒドリガモが多く見られる。ツクシガモは干潟や保護区内の水たまりで観察される。ハクチョウ類やガン類が少数ながら比較的渡来する点も, これらの鳥が少ない九州では貴重。

⑯ 琵琶湖 (滋賀県)

観察適期は10〜4月。「近畿の水がめ」こと琵琶湖は, カモ類の大越冬地だ。湖全体と後背の農耕地がポイントで, 岸近くでは数多くのマガモやヒドリガモ, やや水深のあるところでスズガモの仲間が極めて多い。湖北はハクチョウやガン類が見やすく, 日中は水田などで採食する。ハイイロガン, アカハシハジロ, クビワキンクロ, アカハジロ, コウライアイサなどの記録がある。

⑰ 安濃川河口 (三重県津市)

12〜2月にかけて, コクガンの小群が毎年越冬することで有名。ヒドリガモ, マガモ, スズガモは数が多く, アメリカヒドリが見られることも。

⑱ 関西平野のため池群・都市公園 (大阪府大阪市, 堺市)

平野部に点在する池は多くのカモ類の越冬地で, 11〜4月がおすすめ。池ごとに環境が違うため種構成がまったく異なり, 宝探し感覚で見ていくと思いがけない鳥に出会えるかも。ヒドリガモ, ハシビロガモ, ホシハジロなどが多いが, ツクシガモやアカハジロ, メジロガモ, アカハシハジロなどの記録もある。雑種も多い。

⑭ 東京近郊の都市公園など (東京都23区, 埼玉県都市部など)

代表的なのは彩湖, 葛西臨海公園, 皇居など。さまざまなカモ類 (マガモ属・ハジロ属) が近距離で見られる。迷鳥としてトモエガモ, コスズガモ, クビワキンクロなどが見つかることも。11〜3月がよい。

⑮ 河北潟・片野鴨池 (石川県金沢市, 加賀市)

11〜3月, 河北潟では野鳥観察舎からマガモ, コガモ, ヒドリガモなど数万羽のカモ類を観察でき, トモエガモの群れがいることもある。コハクチョウ類やガン類は東側の水田に多い。片野鴨池ではコハクチョウ, マガン, ヒシクイが合わせて数千羽越冬する。

分類別, 渡り鳥おすすめ観察スポット　117

①稚内港（北海道稚内市）
9月下旬〜11月に渡りのセグロカモメの大群が入り、タイミルセグロカモメ、モンゴルセグロカモメ、カナダカモメ、アメリカセグロカモメが混じる。12〜3月はシロカモメ、ワシカモメが見やすい。12月にヒメクビワカモメの記録もある。

②斜里漁港・オシンコシンの滝（北海道斜里町）
大形カモメは9月下旬〜11月に見られる。アカアシミツユビカモメは11〜12月、ヒメクビワカモメは12〜1月の、いずれも低気圧通過時に北寄りの風が強く吹くときが狙い目。オシンコシンの滝では海上を通過するカモメ類を見るので望遠鏡は必須。迷鳥のゾウゲカモメは1月20日前後に過去2例の記録がある。

③積丹半島（北海道積丹町）
4月に北上するセグロカモメの大群が見られる。モンゴルセグロカモメが比較的多く、カスピセグロカモメ、アイスランドカモメの記録もある。

④砂崎（北海道森町）
セグロカモメは10〜12月と3〜4月に通過する。12〜2月はオオセグロカモメが中心となる。年によってはカモメの大群も越冬する。シロカモメ、ワシカモメは普通に見られ、カナダカモメやタイミルセグロカモメも少数が越冬。

⑤津軽半島西海岸（青森県）
11〜3月、十三湖周辺〜鰺ヶ沢町の漁港や河口に多数のカモメ類が集まる。セグロカモメが多く、少数のタイミルセグロカモメ、シロカモメ、ワシカモメ、稀にモンゴルセグロカモメが混じる。カナダカモメは1〜5羽ほどが滞在。時化の日にはミツユビカモメにも期待できる。かつてゾウゲカモメが出現した鰺ヶ沢漁港は現在、オオセグロカモメ以外の種は少ない。

⑥男鹿半島（秋田県男鹿市）
12〜1月、海岸に打ちあがるハタハタの卵にカモメ類の大群が群がる。オオセグロカモメとセグロカモメ中心に、タイミルセグロカモメ、モンゴルセグロカモメ、カナダカモメ、シロカモメ、ワシカモメなどひと通り見られる。カモメやウミネコの数も多い。

⑦利根川河口（千葉県銚子市、茨城県神栖市）
11〜4月にはセグロカモメを中心に、日本で見られるほとんどのカモメ類が見られる。カナダカモメ・ミツユビカモメは12月以降に増え、1月以降が最も見やすい。3月に入ると日替わりで移動個体が加わる。チャガシラカモメ、クロワカモメの日本で唯一の記録地。周年を通じて個体数が多いので、群れに交じる珍カモメに期待できる。

⑧金田湾（神奈川県横須賀市、三浦市）
12〜3月は砂浜海岸でセグロカモメ、タイミルセグロカモメを中心に近距離で楽しめる。1月以降にはシロカモメ、ワシカモメが少数、定期的に飛来している。3月下旬のユリカモメの渡り前の集結期には数千羽の群れが見られる。

⑨知多半島（愛知県）
1〜3月にオオセグロカモメが多く、ワシカモメやシロカモメも少数見られる。タイミルセグロカモメのほか、ホイグリンカモメやカナダカモメの記録もある。

⑩白塚海岸（三重県白塚市）
12〜3月に砂浜でセグロカモメの群れが越冬し、タイミルセグロカモメやモンゴルセグロカモメが混じる。ホイグリンカモメ、カナダカモメ、アメリカセグロカモメが見られることも。3月には若齢個体がやや増える。

⑪古座川（和歌山県串本町）
1〜3月は河口へ水浴びに来る大形カモメ類が見やすい。セグロカモメが多いが、モンゴルセグロカモメやアメリカセグロカモメが見られたこともある。

⑫大和川河口（大阪府大阪市、堺市）
11〜3月は水浴びや休息のために多くのカモメ類が訪れる。午後、特に潮位が低いときが狙い目。ユリカモメ、カモメ、セグロカモメが多く、タイミルセグロカモメの割合が高い。セグロカモメ約100羽に1羽の割合でモンゴルセグロカモメも見られる。アメリカズグロカモメの記録もある。

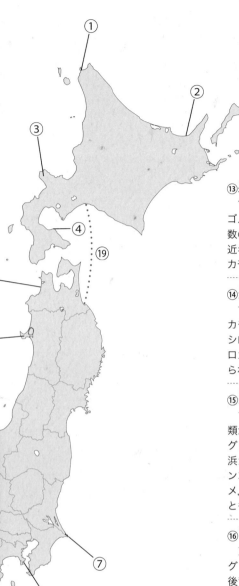

⑬ **米子港**（鳥取県米子市）
　1〜3月、セグロカモメを中心に、モンゴルセグロカモメも少数見られる。少数のシロカモメが越冬することがある。近年、付近の佐陀川河口でゴビズキンカモメの記録がある。

⑭ **江の川河口**（島根県江津市）
　1〜3月に河口に水浴びに来るセグロカモメの群れが見られる。ワシカモメ、シロカモメなども混じり、モンゴルセグロカモメやタイミルセグロカモメが見られることもある。

⑮ **新宮海岸**（福岡県新宮町）
　11〜3月、砂浜海岸に多くのカモメ類が訪れる。ユリカモメ、ウミネコ、セグロカモメが中心で、水産加工場前の浜が多い。タイミルセグロカモメやモンゴルセグロカモメも見られ、シロカモメ、ホイグリンカモメが稀に見られることもある。

⑯ **大授搦**（佐賀県佐賀市）
　東与賀干潟ともいう。11〜4月にズグロカモメの数が多い。干潟のほか、後背の水田を耕起しているときはそちらに集まることもある。大形カモメは少ないが、九州らしくモンゴルセグロカモメが見られる可能性がある。

⑰ **球磨川河口**（熊本県八代市）
　11〜3月、大形カモメは満潮から1〜2時間前後の、干潟が少し出ているタイミングが観察しやすい。数百羽のセグロカモメが越冬し、モンゴルセグロカモメ、タイミルセグロカモメが見やすいほか、ズグロカモメも多い。かつて定期的に渡来していたオオズグロカモメは近年記録がないが、こまめにチェックしていれば見つかる可能性もある。

⑱ **江口川河口**（鹿児島県日置市）
　港に隣接した小規模河川で、1〜3月に水浴びのために数十羽程度の大形カモメが訪れる。タイミルセグロカモメがやたらと多く、群れの8割程度を占めることもある。

⑲ **八戸 ー 苫小牧航路**
（青森県ー北海道）
　11〜4月には、海上を渡るカモメ類のほか、ミツユビカモメが見やすい。特におすすめは11〜12月。下北半島〜津軽海峡沖、および苫小牧沖で大群に遭遇できる可能性が高い。アカアシミツユビカモメにも期待。

※分類・和名は「氏原・氏原(2010)カモメ識別ハンドブック改訂版」に従った

---

03 渡り鳥おすすめ観察スポット

カモメ類

水鳥の中ではガンカモ類やシギ・チドリ類ほどの存在感はないが、識別の奥深さと珍種の多さからマニアの心を掴んで離さないのがカモメ類だ。そんなカモメ類、北と南では見られる種類の顔ぶれが大きく異なるのを知っているだろうか。お目当ての種との出会いが期待できるスポットを紹介しよう

text● 先崎理之

①コムケ湖（北海道紋別市）

トウネンの大群は圧巻。春は5月下旬（成鳥），秋は8月下旬〜9月上旬（幼鳥）がおすすめ。稀にヘラシギが混じる。5月下旬〜6月上旬には海上をアカエリヒレアシシギの大群が通過する。

②野付半島（北海道標津町，別海町）

8月上〜中旬のトウネン，キアシシギの大群がおすすめ。この時期，半島の干潟をくまなく回れば15〜20種程度は見られる。夏の竜神崎付近では繁殖するアカアシシギもいる。

③霧多布（北海道浜中町）

秋がおすすめ。8月の成鳥の渡り時期は霧多布港や琵琶瀬川河口が，9月以降の幼鳥の渡り時期は暮帰別の砂浜がよい。ヘラシギやコモンシギなどの記録もある。

④石狩湾東側・新川河口砂浜（北海道石狩市，小樽市）

8月下旬〜9月中旬がおすすめ。砂浜に沿ってトウネンの小群が数多く見られる。ヘラシギは例年，8月最終週〜9月半ばに数羽が出現する。

⑤三沢海岸・六ヶ所湖沼群（青森県三沢市，六ヶ所村）

春は4〜5月，秋は8〜11月が観察適期。砂浜にミユビシギ，トウネン，ハマシギなどが群れ，ヘラシギやヨーロッパトウネンの記録もある。ミユビシギ，ハマシギなどは越冬する。鷹架沼などの湖沼や湿地，休耕田では，ツルシギ，ヒバリシギ，オジロトウネン，コアオアシシギなどの淡水性種が多い。

⑥鳥の海（宮城県亘理町）

汽水域の入り江の南側にできる砂質干潟に，シギ・チドリ類の群れが入る。春の渡りは4〜5月が観察適期で，東北地方では少ないオオソリハシシギの群れが定期的に見られる。

⑦能登半島・河北潟（石川県）

9月中〜下旬，砂浜に多くのトウネンが飛来し，稀にヘラシギやヨーロッパトウネンが混じる。ハマシギやミユビシギも多い。干拓地では春にハス田や水田で淡水シギ，秋にはジシギ類が見られる。

⑧茨城県の田園地帯（茨城県）

浮島付近のハス田，稲敷市付近の水田が有名。春は4月末〜5月中旬がよい。ハス田ではタカブシギ，ツルシギ，オオハシシギなど。水田ではチュウシャクシギ，キョウジョシギ，キアシシギ，トウネンなど。秋は8〜10月の休耕田や刈り取り後のハス田がよい。淡水性の種類はひと通り見られる。オジロトウネンやヨーロッパトウネンが越冬し，近年ではムナグロやエリマキシギも春まで見られる。

⑨東京湾（東京都，千葉県）

葛西臨海公園，三番瀬，谷津干潟が有名。春は3〜5月，秋は8〜9月がよい。オオメダイチドリ，オオソリハシシギ，オバシギなどが見られる。ミヤコドリ，ダイゼン，ハマシギなどは越冬している。

⑩汐川干潟（愛知県豊橋市，田原市）

観察適期は8〜5月で，春の渡りは5月の上〜中旬がおもしろく，多いときは1,000羽近くのトウネンが入り，ヨーロッパトウネンが見られることもある。5月中〜下旬にはサルハマシギも狙える。秋の渡りは8〜10月がよく，春より群れは小さいが，トウネンやキアシシギを中心にさまざまな種類が見られる。冬はハマシギとダイゼンのほか，ハジロコチドリが越冬することもある。

⑪雲出川河口 〜 安濃川河口（三重県津市）

観察適期は8〜5月で，ミヤコドリ，ハマシギ，ミユビシギ，ダイシャクシギは海岸，ツルシギやオオハシシギが後背地の池や水路で越冬する。ミヤコドリは非常に多く，しばしば越夏もする。春秋の渡り時期にはトウネン，キアシギ，ソリハシシギなどが海岸，タカブシギ，ムナグロなどが後背地の水田や農耕地に入る。8〜9月にはジシギ類も多い。

⑫大阪南港野鳥園（大阪湾岸埋立地）（大阪府大阪市）

春は4月中旬〜5月中旬，秋は9月下旬〜11月上旬がよい。5月中旬にトウネンが多く，サルハマシギやキリアイも飛来する。秋はクサシギ属が多い。

⑬きらら浜（山口県山口市）

春は4〜5月，秋は9〜10月がよい。土路石川河口のチュウシャクシギの群れは4月下旬がピーク。そのほかダイゼン，ハマシギ，アオアシシギなどが見られる。

---

04 渡り鳥おすすめ観察スポット
シギ・チドリ類

ダイナミックな群飛を見せるシギ・チドリ類の渡りはまさに圧巻だ。多くの種が日本を中継地として利用するだけなので，渡りのピークはあっという間に過ぎ去ってしまう。とっておきの観察スポットをおさえて，彼らの渡りを迎えよう。

text●先崎理之

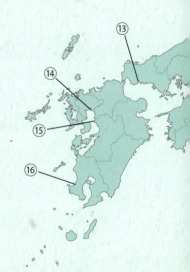

⑭ 大授搦（佐賀県佐賀市）
　東与賀干潟ともいう。中〜大潮の満潮前後がよい。8〜5月はいつでも楽しめる。ダイゼン、オバシギ、ダイシャクシギ、ハマシギなどからなる大群は圧巻。迷鳥のシベリアオオハシシギは5月の大型連休前後と8月、カラフトアオアシシギは5月上〜中旬と9月に記録が多い。近年はヘラシギの記録が減ったが、狙うなら9月だろう。西側にある有明干拓のハス田や水路には淡水性の種類が入る。

⑮ 荒尾海岸（熊本県荒尾市）
　春は3月下旬〜5月上旬、秋は8月〜9月がよい。南荒尾駅西側の蔵満海岸には階段状の護岸が整備され、満潮時前後の4時間はここに腰掛けながら近距離でシギ・チドリ類を観察できる。満潮時は護岸上で鳥が休息するが、散歩の人が多く、驚いて飛び回るため、干潟が少し出ていたほうが観察しやすい。ハマシギやダイゼンは多数が越冬する。

⑯ 万之瀬川河口域（鹿児島県南さつま市）
　8〜5月の、左岸（南西岸）側の外洋に面した砂浜からサンセットブリッジ周辺がよい。春秋ともにハマシギ、ミユビシギ、トウネンはよく見られ、ハマシギとミユビシギは越冬する。かつては9月にヘラシギがよく入ったが、近年の記録は少ない。後背地にあるJAライスセンター周辺の農耕地には淡水性のシギ・チドリ類が入る。

⑰ 並里（沖縄県金武町）
　9〜5月。田芋畑や水田、水路に淡水性のシギ・チドリ類がひと通り入る。クサシギ、ヒバリシギ、アカアシシギ、コアオアシシギ、セイタカシギなど。近距離で多数の冬羽個体が見られるのは沖縄ならでは。8〜9月、4〜5月はチュウジシギ、ハリオシギの観察にもよい。ソリハシセイタカシギ、ヨーロッパムナグロ、コシギの記録あり。

⑱ 比屋根干潟・泡瀬干潟（沖縄県沖縄市）
　9〜4月が観察適期。沖縄県総合運動公園北側のマングローブに囲まれた干潟を比屋根干潟、そこから道路を隔てて東側の砂礫質の干潟を泡瀬干潟という。秋〜冬にセイタカシギ、アカアシシギ、アオアシシギなどが渡来する。泡瀬干潟は国内最大規模のムナグロの越冬地。

⑲ 浦田原・平田原（沖縄県石垣市）
　9〜5月の休耕田や水田がポイント。ヒバリシギ、アカアシシギ、セイタカシギなどのほか、ソリハシセイタカシギ、ヨーロッパトウネンなども狙える。ジシギ類は、沖縄島よりも水田地帯が広いため広範囲に入る。

分類別、渡り鳥おすすめ観察スポット　121

①稚内公園（北海道稚内市）
　春は4～6月、秋は9～11月に旅鳥が多く、公園内を散歩しながらの観察でヒガラ、ツグミ、マミチャジナイ、オオムシクイ、ルリビタキ、キクイタダキなどが見られる。ヒメイソヒヨやキマユムシクイの記録もある。夏はコルリやコマドリが普通に繁殖する。展望台がライトアップされ、夜間でも多くの小鳥類の渡りが観察できる。なお園内には時折ヒグマが出没するため、観察の際は細心の注意が必要。

②地球岬（北海道室蘭市）
　9～11月が特によい。マスイチ浜、測量山とその周辺の散策路を歩くのがおすすめだ。ツツドリ、ヒヨドリ、コムクドリ、センダイムシクイ、エゾムシクイ、マミチャジナイ、コサメビタキ、コルリなどの夏鳥・旅鳥の渡りがひと通り見られる。

③札幌市内の公園・街路樹（北海道札幌市）
　円山公園、西岡公園、豊平公園、真駒内公園など。小さな緑地でもアカゲラ、コムクドリ、ゴジュウカラ、シマエナガ、ハシブトガラ、ヒガラ、キビタキ、センダイムシクイ、ニュウナイスズメなどが繁殖する。冬はウソ、ベニヒワ、イスカ、ミヤマカケスなどが見られる。街路樹のナナカマド並木にはツグミ、レンジャク類のほか、時にギンザンマシコが来る。近年は1月下旬以降にツグミの群れの中でノハラツグミが出現する可能性がある。

④函館山（北海道函館市）
　春は4～5月、秋は9月下旬～11月上旬がよい。登山道沿いから千畳敷にかけて周る。ヒガラ、マミチャジナイなどの群れの渡りが壮観。秋はヤマブドウをツグミ類、マユミをムギマキが採食している。11月にはルリビタキが多い。クマゲラも時折見られる。シマエナガに混じって亜種エナガの記録があり、ミヤマカケスも多い。

⑤弘前公園（青森県弘前市）
　春は3～5月、秋は9～11月がよい。5月上～中旬の当たり日にはコサメビタキ、キビタキ、オオルリ、大形ツグミ類、ムシクイ類などがあふれ、コルリ、ムギマキ、マミジロ、ハチジョウツグミなども観察できる。5月の大型連休ごろは観光客が多いので、人影が少なく、鳥が多い植物園がおすすめ。渡り鳥が少なくても、観察しやすいオシドリが居ついているなど、何らかの楽しみがある。

⑥飛島（山形県酒田市）
　春は4月下旬～5月中旬、秋は10月上旬～11月上旬がよい。東北地方を代表する離島で渡り鳥が多い。ヒタキ類、大形・小形ツグミ類、ムシクイ類などが多く見られる。迷鳥の記録も多く、2015年10月にノドジロムシクイ、2017年5月にムナグロノゴマが見つかった。

⑦粟島（新潟県粟島浦村）
　4月下旬～5月中旬が観察適期。⑥飛島と⑨舳倉島の間に位置する渡り鳥の楽園。春は島の北端に数多くの渡り鳥が集結する。アカハラ、マミチャジナイ、センダイムシクイ、エゾムシクイ、キビタキ、オオルリ、コサメビタキなどが多く見られ、迷鳥の記録も多い。

⑧富士山（静岡県、山梨県）
　6～8月が観察適期。渡りを直接観察できるわけではないが、夏鳥が豊富で、ほかの場所では渡り時期以外に見づらい鳥が繁殖期に見られる。ホシガラス、アカモズ、メボソムシクイ、コルリ、ルリビタキ、ウソなど。

⑨舳倉島（石川県輪島市）
　春は4月下旬～5月下旬、秋は9月下旬～11月上旬がよい。有名な渡り鳥の楽園で迷鳥も多い。ヒタキ類、大形・小形ツグミ類、ムシクイ類が多く、春は早い時期（4月下旬～）にカラフトムシクイ、遅い時期（5月中旬～）にはコウライウグイス、チゴモズ、ヒメイソヒヨ、シマゴマ、オジロビタキ、ヤナギムシクイなどが見られる。秋はモリムシクイ、キタヤナギムシクイ、オオマシコ、イスカなどが見られる。

⑩伊良湖岬（愛知県田原市）
　10月上旬～11月上旬。サシバ・ハチクマなどのタカの渡りで有名だが、小鳥類も多く渡る。サンショウクイやヒヨドリ、アトリ類など日中に渡る種はまさに渡っていくところを観察できる。岬の周辺では、ムシクイ類やヒタキ類といった夜に渡る種が日中に採食している。

⑪鶴舞公園（愛知県名古屋市）
　春は4月中旬～5月中旬、秋は10月がよい。名古屋市内の都市公園で、渡りの時期にはムシクイ類、コマドリ、キビタキ、オオルリなどが通過する。カンムリカッコウやミヤマヒタキといった、びっくりするような迷鳥の記録もある。

⑫大阪城公園（大阪府大阪市）
　春は4月中旬～5月中旬、秋は9月中旬～10月下旬がよい。サンコウチョウ、ムシクイ類、マミジロ、クロツグミ、コマドリ、コルリ、キビタキ、オオルリ、サメビタキ類などが見られる。運がよければノゴマ、ムギマキ、ニシオジロビタキなども出現する。

---

05 渡り鳥おすすめ観察スポット

森林の陸鳥

ここでは、主に山に生息するムシクイ類、ツグミ類、ヒタキ類をはじめとするスズメ目の鳥が観察しやすい場所を紹介する。離島などの本格的な探鳥地はもちろん、都市部の公園でも場所によって多くの渡り鳥が観察できる。

text●梅垣佑介

⑬ **見島**（山口県萩市）
　4月中旬～5月中旬が観察適期。本州西側の渡り鳥のメッカ。⑥飛島や⑨舳倉島と同様の鳥が見られるが、オオジュウイチ、ミヤマヒタキなど東南アジア系の鳥の記録がやや多い。ほかの日本海の離島と比べると朝鮮半島にも近く、アムールムシクイもしばしば記録される。

⑭ **対馬**（長崎県対馬市）
　4月中旬～5月中旬が観察適期で、西日本の渡り鳥のメッカ。広大な島には大陸からの旅鳥が多く、春には毎年のようにヤマショウビンが出ることで有名。チゴモズ、ヤイロチョウ、アムールムシクイなども狙える。農耕地や林縁ではシロハラホオジロ、キマユホオジロやシマノジコといったホオジロ類も多い。

⑮ **福江島**（長崎県五島市）
　9月中旬～10月中旬が観察適期で、五島列島の西端に突き出した大瀬崎などが探鳥地として有名。ハチクマが多く通過することでも有名だが、小鳥類も多く飛来し、サンショウクイ、コムシクイ、アトリ類などが見られる。オオジュウイチやハイイロオウチュウの記録もある。

⑯ **野母崎**（長崎県長崎市）
　4～5月が観察適期でヒタキ類、ムシクイ類、ツグミ類、ホオジロ類など、まるで離島のようにさまざまな渡り鳥が通過する。秋は春に比べ迫力には欠けるが、ヒタキ類やムシクイ類を中心にさまざまな種が見られる。探鳥スポットは住宅地や漁港、果樹園などに非常に近接しているため、マナーには特に注意。

⑰ **甑島列島**（鹿児島県薩摩川内市）
　春は4月中旬～5月中旬、秋は9月下旬～10月中旬がよい。有人の上甑島、中甑島、下甑島が主要な島。深い森にはカラスバトやヤイロチョウが生息し、春秋の渡り時期には集落付近で森林性の小鳥類が多い。春にカンムリオウチュウ、冬にロクショウヒタキの記録がある。

⑱ **平島**（鹿児島県十島村）
　4月中～下旬が観察適期で、トカラ列島で最も西に飛び出した渡り鳥の中継地。オオルリ、キビタキといったヒタキ類がとても多く、アカヒゲも見やすい。迷鳥の記録も多く、オウチュウ、コウライウグイスなどが比較的よく見られるほか、オオジュウイチやミヤマヒタキの記録も多い。日本初記録のオレンジジツグミが見つかったのはこの島。

⑲ **粟国島**（沖縄県粟国村）
　春は4月中旬～5月上旬、秋は10月上～中旬がよい。リュウキュウサンコウチョウ、コムシクイ、エゾビタキ、オオルリなどが見られ、アサクラサンショウクイ、ミヤマヒタキなどの記録もある。広すぎない島で鳥が見やすいが、近年、本来生息していないはずのハブが頻繁に見つかっており、今後の動向に注意したい。

⑳ **宮古島**（沖縄県宮古島市）
　春は4月上旬～5月上旬、秋は9月初旬～10月中旬がよい。リュウキュウサンコウチョウ、リュウキュウキビタキ、キマユムシクイなどが見られ、カンムリオウチュウ、ミヤマヒタキなどの記録も多い。

㉑ **与那国島**（沖縄県与那国町）
　春は3月下旬～4月下旬、秋は9月下旬～10月下旬がよい。春は越冬したキマユムシクイやアカヒゲ、秋はコムシクイやエゾビタキが多く、春にはイイジマムシクイ、秋にはハイイロオウチュウやブッポウソウも期待できる。迷鳥の記録が多く、春はミヤマヒタキやロクショウヒタキ、秋はアサクラサンショウクイやカンムリオウチュウの記録がある。ハブがいない点も安心できる。

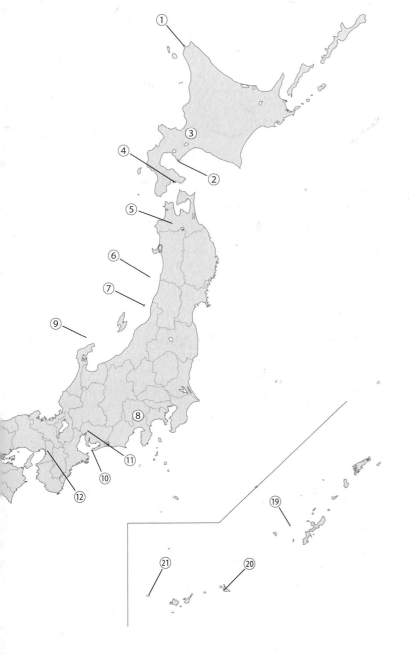

分類別，渡り鳥おすすめ観察スポット　123

06 渡り鳥おすすめ観察スポット
開けた場所の陸鳥

ここでは, ヨシ原や農耕地を好むセキレイ・タヒバリ類, ホオジロ類, アトリ類などのスズメ目の観察に適した場所を紹介する。いずれも広大な探鳥地なので, 慣れないうちは探すのにひと苦労だが, 慣れれば多くの渡り鳥を見つけられるようになるはずだ。

text●高木慎介

①サロベツ原野・稚内周辺
（北海道豊富町, 幌延町, 稚内市）
　4月下旬〜5月上旬は牧草地でツグミの大群, ホシムクドリ, ヤツガシラなどの渡り鳥がおもしろい。オオモズは11月下旬と4月上〜中旬に原野と丘陵の開放地を広く探すとよいだろう。5〜7月は夏鳥が楽しい。シマアオジやツメナガセキレイは豊富のビジターセンター付近がおすすめだ。ユキホオジロは11〜3月, 海岸沿いや稚内方面の各港の空き地などが狙い目。

②野付半島・根室半島
（北海道標津町, 別海町, 根室市）
　5〜8月が夏鳥の最盛期。オオジュリン, ノビタキ, ノゴマ, コヨシキリ, シマセンニュウ, マキノセンニュウなどは特定のポイントがなく, いろいろなところで見られる。お盆のころにはカッコウの巣立ち雛が狙える。冬鳥は12〜2月がよい。野付半島先端, 走古丹, 春国岱や, 根室半島の太平洋側を中心に探すのがおすすめだ。

③積丹半島北東部
（北海道古平町, 積丹町）
　4〜5月には半島全体の農耕地が渡り鳥のポイントとなる。ツグミ, アトリ, カシラダカの大群は5月の大型連休ごろ。ニシイワツバメ, ヤツガシラ, ホシムクドリ, ムネアカタヒバリ, ツメナガセキレイ, タイワンハクセキレイ, コホオアカはほぼ毎年見られる。クロジョウビタキ, イエスズメ, ミヤマシトド, シマノジコなどの記録もある。

④大野平野 （北海道北斗市・七飯町）
　函館平野とも呼ばれる。5〜7月は, ところどころにあるヨシ原や休耕地でオオヨシキリ, コヨシキリ, ノビタキな

どが見られる。ノゴマやセンニュウ類は期待できない。9月は渡り鳥がおもしろく, 刈り取り前の水田でシマセンニュウ, ウズラなど。畑ではムネアカタヒバリが狙える。

⑤仏沼と周辺湖沼群
（青森県三沢市, 東北町, 六ケ所村）
　オオセッカの国内最大の繁殖地。5〜8月にはコジュリン, オオジュリン, コヨシキリなどのさえずりでにぎわう。8

〜10月にはセンニュウ類などの渡り鳥が立ち寄る。冬は鳥影が少ないが, 周辺の農地をていねいに探せばツメナガホオジロなどが期待できる。

⑥岩木川河口
（青森県つがる市, 五所川原市, 中泊町）
　5〜8月の繁殖期, 岩木川の河川敷に広がるヨシ原を堤防から見渡せば, あちこちでさえずり飛翔を行うオオセッカを観察できる。コジュリン, コヨシキリも

多い。冬は周辺の農耕地や海岸草地で
ユキホオジロ，ツメナガホオジロ，ハギ
マシコ，時にサバンナシトドやコホオア
カなどを観察できる可能性もある。穏や
かな日に，積雪の少ないエリアを狙おう。

⑦蕪栗沼（宮城県大崎市）

10〜3月。薄明薄暮にオオセッカの
さえずりや地鳴きが聞こえることがあ
り，タヒバリやホオジロ類などがねぐら
となるヨシ原を出入りする様子が観察で
きる。日中も散策路沿いでホオジロ
類，ベニマシコ，ツグミ，ジョウビタキ
などが多い。

⑧渡良瀬遊水地
（栃木県栃木市など）

広大な遊水池の中に，ヨシやオギなど
の丈の高い草地や旧集落跡の屋敷林が
点在するなど，多様な環境がある。夏は
ヨシキリ類のほか，近年はオオセッカの
繁殖も確認されている。10〜11月の秋
の渡り時期にはオオジュリンが多く，
10月中旬にはスゲ草地でマキノセンニ
ュウも定期的に確認されている。チフ
チャフ，ムジセッカ，オオモズなどの記
録もある。

⑨利根川下流域
（千葉県銚子市，茨城県神栖市）

下流域のヨシ原では4〜7月にオオ
セッカとコジュリンが高密度で繁殖し，
さえずりが観察しやすい。これらは越
冬期も同じ草地で見られるが，繁殖期の
ほうが姿は見やすい。11〜3月には周囲
の農地にカシラダカやタヒバリが多く
渡来する。シベリアジュリン，ムジセッ
カなどの記録もある。

⑩福島潟（新潟県新潟市）

湖岸のヨシ原には，秋の渡り時期にホ
オジロ類を中心とした多くの小鳥類が
通過する。アオジとオオジュリンの渡
りのピークは10月25日前後。秋の渡り
時期にヒゲガラ，ヤブヨシキリ，シラガ
ホオジロ，シベリアジュリンなどの記録
がある。

⑪霧ヶ峰
（長野県茅野市，諏訪市，下諏訪町，
長和町）

6，7月の草原地帯にノビタキ，ホオア
カ，コヨシキリ，カッコウなどが渡来・
繁殖する。遊歩道の近くに営巣するこ
ともあり，バーダーがそこに居座り，親
鳥が巣に戻れなくなる光景も見たこと
があるので注意したい。冬はにぎやか
な夏と比べて非常に閑散としているが，

オオモズやハギマシコの群れが見られ
ることがある。

⑫旧浅羽町周辺農耕地
（静岡県磐田市，袋井市，掛川市）

10〜3月にセキレイ類，タヒバリ類，
ヒバリ類，ホオジロ類が多い。ミヤマガ
ラスが群れで渡来し，コクマルガラスが
混じることも。ムネアカタヒバリ，コジ
ュリン，ホシムクドリもよく観察され
る。近年はサバンナシトドやシベリア
ジュリンが観察された。

⑬旧一色町周辺農耕地
（愛知県西尾市）

10〜3月が観察適期でセキレイ類，
タヒバリ類，ヒバリ類，ホオジロ類が多
い。少数のホシムクドリが毎年見られ，
近年はギンムクドリも渡来した。クビ
ワコウテンシ，イナバヒタキ，ハイイロ
オウチュウといった超大物の迷鳥が渡
来したこともある。

⑭巨椋干拓地
（京都府京都市，宇治市，久御山町）

10〜3月が観察適期で，関西随一の田
園地帯。周辺の開発や耕作地の減少に
より年々環境は悪化しているが，依然と
して一大探鳥地である。秋はコシアカツ
バメ，ショウドウツバメが多く，ツメナ
ガセキレイ，ムネアカタヒバリも少数が
通過。冬はミヤマガラスの群れにコクマ
ルガラスが混じり，ニュウナイスズメや
ホオジロ類が見られる。イナバヒタキ，
マキバタヒバリ，シベリアジュリンなど
の記録がある。

⑮斐伊川河口（島根県出雲市）

10月下旬〜3月が観察適期。宍道湖
西岸の川の河口周辺のヨシ原と後背の
農耕地がポイント。ヨシ原にはオオジ
ュリンなどのホオジロ類が多く，稀にコ
ジュリンのほか，かん木でベニヒワが見
られることも。農耕地ではヒバリ類，ア
トリ類なども見られ，シベリアジュリン
やツメナガホオジロが比較的よく見ら
れる。オオモズ，オオカラモズ，コホオ
アカ，ユキホオジロなどの記録もある。

⑯きらら浜（山口県山口市）

10月下旬〜3月がおすすめ。園内の
ヨシ原には秋〜冬にオオジュリンやツ
リスガラが多い。過去にはコホオアカ，
コジュリン，シベリアジュリン，オオカ
ラモズなども観察されている。本州で
は一般に高原で繁殖するホオアカが繁
殖している点も興味深い。

⑰重信川流域
（愛媛県松山市，松前町）

10〜4月に，河口〜中流域の見晴ら
しのよい河川敷に広がる草地やヨシ原
で，ホオジロ類などの小鳥類が多い。夏
はヨシ原でオオヨシキリやセッカが繁
殖する。コホオアカの数十羽の群れや，
ミヤマシトドが見られたこともある。

⑱諫早干拓（長崎県諫早市，雲仙市）

9〜3月が観察適期。9月下旬〜10月
上旬にツメナガセキレイ，マミジロタヒ
バリ，ムネアカタヒバリが多く渡来し，
一部は越冬する。冬にホシムクドリが
大群で見られることも。ヨシ原にはオ
オジュリンやツリスガラが多く，ムジセ
ッカもよく見られる。耕作放棄地をチ
ェックすると，サバンナシトドやシベリ
アジュリンなどとの出会いがあるかも
しれない。

⑲出水（鹿児島県出水市）

11〜3月がおすすめ。ツルに目を奪
われがちだが，ムネアカタヒバリが多
く，マミジロタヒバリ，ツメナガセキレ
イも少数が越冬する。ホシムクドリが
多く，ギンムクドリやカラムクドリも少
数見られる。ミヤマガラスやコクマル
ガラスも多く，荒崎のツル観察舎周辺の
群れは人馴れしていて近距離で観察す
ることが可能である。

⑳大浦干拓（鹿児島県南さつま市）

春は3〜5月，秋は9〜11月がよい時
期。渡りのセキレイ類やタヒバリ類が
非常に多く見られるが，ホオジロハクセ
キレイとタイワンハクセキレイは秋は
ほとんど見られないため注意。ほかに
も多くのスズメ目が通過し，オウチュウ
やヒメコウテンシといった稀な旅鳥が
見られることもあるが，こういった渡り
鳥は春に多く，秋は少ない。外れるとほ
とんど何もいないこともある。

㉑与那国島（沖縄県与那国町）

9〜4月がおすすめ。オウチュウ，シ
マアカモズ，ツバメ類，ホオジロ類が多
い。特にセキレイ類やタヒバリ類は国
内随一の探鳥地で，9月下旬〜10月中
旬にセジロタヒバリが多数渡来するこ
とは特筆される。ハクセキレイは国内
で記録された全亜種が記録され，3月下
旬ごろはシベリアハクセキレイやメン
ガタハクセキレイがしばしば記録され
る。ほかにも多種のセキレイ類やタヒ
バリ類が渡来するので，目的とする種の
時期を調べて訪れたい。

分類別，渡り鳥おすすめ観察スポット　125

引用・参考文献

8ページ

(*1) Videler, J.J. (2006). Avian Flight. Oxford, Oxford University Press.

(*2) Minias, P., Meissner, W., Włodarczyk, R., Ożarowska, A., Piasecka, A., Kaczmarek, K., & Janiszewski, T. (2015). Wing shape and migration in shorebirds: a comparative study. Ibis, 157, 528-535.

(*3) Swaddle, J.P., & Lockwood, R. (2003). Wingtip shape and flight performance in the European Starling Sturnus vulgaris. Ibis, 145, 457–464.

(*4) Bowlin, M.S. & Wikelski, M. (2008). Pointed wings, low wing loading and calm air reduce migratory flight costs in songbirds. PLoS One, 3, e2154.

(*5) Watanabe, Y.Y. (2016). Flight mode affects allometry of migration range in birds. Ecol. Lett., 907-914.

(*6) Hawkes, L.A., Balachandran, S., Batbayar, N., Butler, P.J., Frappell, P.B., Milsom, W.K., Tseveenmyadag, N., Newman, S.H., Scott, G.R., Sathiyaselvam, P., Takekawa, J.Y., Wikelski, M., & Bishop, C.M. (2011). The trans-Himalayan flights of bar-headed geese (Anser indicus). PNAS, 108, 9516-9519.

(*7) MacArthur, R. (1959). On the breeding distribution pattern of North American migrant birds. Auk, 76, 318–325.

(*8) Carnicer, J., & Díaz-Delgado, R. (2008). Geographic differences between functional groups in patterns of bird species richness in North America. Acta. Oecol, 33, 253–264

(*9) H-Acevedo, D., & Currie, D.J. (2003). Does climate determine broad-scale patterns of species richness? A test of the causal link by natural experiment. Glob. Ecol. Biogeogr, 12, 461–473.

(*10) Boucher-Lalonde, V., Kerr, J.T., & Currie, D.J. (2014). Does climate limit species richness by limiting individual species' ranges? Proc. R. Soc. B, 281, 1–7.

(*11) Ramenofsky M, Cornelius J.M., & Helm, B. (2012). Physiological and behavioral responses of migrants to environmental cues. J. Ornithol, 153, S181–S191.

(*12) Mueller, J.C., Pulido, F., & Kempenaers, B. (2011). Identification of a gene associated with avian migratory behaviour. Proc. R. Soc. B, 278, 2848-2856.

(*13) Engels, S., Schneider, N.L., Lefeldt, N., Hein, C.M., Zapka, M., Michalik, A., Elbers, D., Kittel, A., Hore, P.J., & Mouritsen, H. (2014). Anthropogenic electromagnetic noise disrupts magnetic compass orientation in a migratory bird. Nature, 509, 353-356.

(*14) Sergio, F., Tanferna, A., De Stephanis, R., Jiménez, L.L., Blas, J., Tavecchia, G., Preatoni, D., & Hiraldo, F. (2014). Individual improvements and selective mortality shape lifelong migratory performance. Nature, 515, 410.

12ページ

(*1) 中村司 (2012). 渡り鳥の世界 渡りの科学入門. 山梨日日新聞社, 甲府.

(*2) 三浦半島渡り鳥連絡会 (2014). 武山のタカの渡り調査報告書2013年. 自費出版.

(*3) Kanai, Y., Minton, J., Nagendran, N., Ueta, M., Auyrsana, B., Goroshko, O., Kovhsar, A.F., Mita, N., Suwal, R.N., Uzawa, K., Krever, V. & Higuchi. H. (2000). Migration of demoiselle cranes in Asia based on satellite tracking and fieldwork. Glob. Environ. Res, 4: 143-153.

(*4) Hawkes, L.A., Balachandran, S., Batbayar, N., Butler, P.J., Frappell, P.B., Milsom, W.K., Tseveenmyadag, N., Newman, S.H., Scott, G.R., Sathiyaselvam, P., Takekawa, J.Y., Wikelski, M., & Bishop, C.M. (2011). The trans-Himalayan flights of bar-headed geese (Anser indicus). PNAS 108 (23): 9516-9519.

(*5) Newton, I. (2008). The Migration Ecology of birds. Academic Press, London.

16ページ

(*1) Newton, I. (2008). The Migration Ecology of Birds. Academic Press, London.

(*2) Ueta, M., Sato, F., Lobkov, E.G. & Mita, N. (1998). Migration route of White-tailed Sea Eagles Haliaeetus albicilla in northeastern Asia. Ibis 140, 684-686.

(*3) Suryan, R.M., Sato, F., Balogh, G.R., Hyrenbach, K.D., Sievert, P.R., & Ozaki, K. (2006). Foraging destinations and marine habitat use of short-tailed albatrosses: a multi-scale approach using first-passage time analysis. Deep. Sea. Res. Part 2, 53, 370–386.

(*4) Fraser, K.C., Stutchbury, B.J.M., Silverio, C., Kramer, P.M., Barrow, J., Newstead, D., Mickle, N., Cousens, B.F., Lee, J.C., Morrison, D.M., Shaheen, T., Mammenga, P., Applegate, K., & Tautin, J. (2012). Continent-wide tracking to determine migratory connectivity and tropical habitat associations of a

declining aerial insectivore. Proc. R. Soc. B, 279, 4901-4906.

(*5) Fraser, K.C., Shave, A., Savage, A., Ritchie, A., Bell, K., Siegrist, J., Ray, J.D., Applegate, K. & Pearman, M. (2017). Determining fine-scale migratory connectivity and habitat selection for a migratory songbird by using new GPS technology. J. Avian. Biol, 48, 339-345.

(*6) Matsumoto, S., Yamamoto, T., Yamamoto, M., Zavalaga, C.B. & Yoda, K. (2017). Sex-related differences in the foraging movement of Streaked Shearwaters Calonectris leucomelas breeding on Awashima Island in the Sea of Japan. Ornithol. Sci, 16, 23-32.

(*7) Phillips, R.A., Silk, J.R.D., Croxall, J.P., Afanasyev, V. & Briggs, D.R. (2004). Accuracy of geolocation estimates for flying seabirds. Mar. Ecol. Prog. Ser, 266, 265-272

(*8) DeLuca, W.V., Woodworth, B.K., Rimmer, C.C., Marra, P.P., Taylor, P.D., McFarland, K.P., Mackenzie, S.A. & Norris, D.R. (2015). Transoceanic migration by a 12 g songbird. Biol. Lett. 11, 20141045.

(*9) Egevang, C., Stenhouse, I.J., Phillips, R.A., Petersen, A., Fox, J.W. & Silk, J.R.D. (2010). Tracking of Arctic terns Sterna paradisaea reveals longest animal migration. PNAS, 107, 2078-2081.

(*10) Berthold, P., & Terrill, S.B. (1988). Migratory behaviour and population growth of Blackcaps wintering in Britain and Ireland: Some hypotheses. Ringing. Migr, 9, 153-159.

30ページ

(*1) Higuchi, H. (2012). Bird migration and the conservation of the global environment. J. Ornithol, 153, Supplement 3-14.

(*2) 渡辺靖夫・伊関文隆・越山洋三・先崎啓究 (2015). フィールドガイド日本の猛禽類 vol.3 ハイタカ. フィールドデータ, 岡山.

(*3) 菅澤承子・山口典之・杉本剛・樋口広芳 (2011). 九州で繁殖するサシバは、なぜ春に遠回りの経路を渡るのか？. 日本鳥学会2011年度大会実行委員会 (編) 日本鳥学会2011年度大会講演要旨集：51. 日本鳥学会2011年度大会実行委員会, 大阪.

(*4) 渡辺靖夫・先崎啓究・伊関文隆・越山洋三 (2013). フィールドガイド日本の猛禽類 vol.2 サシバ. 西本眞理子植物画工房マカロン, 岡山.

(*5) Koike, S., Hijikata, N. & Higuchi, H. (2016). Migration and wintering of Chestnut-cheeked Starlings Agropsar philippensis. Ornithol. Sci, 15, 63-74.

(*6) 関伸一 (2015). アカヒゲの渡りを追う. BIRDER, 29, 18-19.

(*7) 山田泰広・植田睦之・尾崎清明・米田重玄・守分紀子(2005). 衛星追跡調査より判明したクロツラヘラサギの中継地. 日本鳥学会2005年度大会事務局 (編) 日本鳥学会2005年度大会講演要旨集：120. 日本鳥学会2005年度大会事務局, 松本.

38ページ

(*1) Milton D (2003). Threatened shorebird species of the East Asian-Australasian Flyway: significance for Australian wader study groups. Wader Study Group Bulletin 100, 105-110.

(*2) Conklin, J.R, Verkuil, Y.I., Smith, B.R. (2014). Prioritizing migratory shorebirds for conservation action on the East Asian-Australasian Flyway. World Wildlife Foundation Report, WWF-Hong Kong.

(*3) Driscoll, P., & Ueta, M. (2002). The migration route and behaviour of Eastern Curlews Numenius madagascariensis. Ibis 144, E119-E130.

(*4) Battley, P.F., Warnock, N., Tibbitts, T.L., Gill, R.E., Piersma, J.T., Hassell, C.J., Douglas, D.C., Mulcahy, D.M., Gartrell, B.D., Schuckard, R., Melville, D.S. & Riegen, A.C. (2012). Contrasting extreme long-distance migration patterns in bar-tailed godwits Limosa lapponica. J. Avian. Biol, 43, 21-32.

(*5) Delany, S., Szabolcs, N., Davidson, N. (2010). State of the world's waterbirds, 2010. Wetlands International, Ede.

(*6) Studds, CE., Kendall, BE., Murray, NJ., Wilson, HB., Rogers, DI., Clemens, R.S., Gosbell, K., Hassell, C.J., Jessop, R., Milton, D.A., Minton C.D.T., Possingham, H.P., Riegen, A.C., Straw, P., Woehler, E.J., & Fuller, R.A. (2017). Rapid population decline in migratory shorebirds relying on Yellow Sea tidal mudflats as stopover sites. Nat. Commun, 8, 14895.

42ページ

(*1) Yamaura, Y., Schmaljohann, H., Lisovski, S., Senzaki, M., Kawamura, K., Fujimaki, Y., & Nakamura, F. (2017). Tracking the Stejneger's stonechat Saxicola stejnegeri along the East Asian–Australian Flyway from Japan via China to southeast Asia. J. Avian. Biol, 48, 197-202.

(*2) Yamaguchi, N. M., Hiraoka, E., Hijikata, N., & Higuchi, H. (2017). Migration routes of satellite-tracked Rough-legged Buzzards from Japan: the relationship between movement patterns and snow cover. Ornithol. Sci, 16, 33-41.

(*3)高木憲太郎, 時田賢一, 平岡恵美子, 内田聖, 堤соль朗, 土方直哉, 植田睦之 & 樋口広芳. (2014). 八郎潟で越冬するミヤマガラスの渡り経路と繁殖地. 日鳥学誌, 63, 317-322.

(*4)Yamaguchi, N., Hiraoka, E., Fujita, M., Hijikata, N., Ueta, M., Takagi, K., Konno, S., Okuyama, M., Watanabe, Y., Osa, Y., Morishita, E., Tokita, K., Umada, K., Fujita, G., & Higuchi, H. (2008). Spring migration routes of mallards (Anas platyrhynchos) that winter in Japan, determined from satellite telemetry. Zoolog. Sci, 25, 875-881.

44ページ

(*1)樋口広芳 (2014) 日本の鳥の世界. 平凡社. 東京

(*2)久野公啓・樋口広芳 (編) (2013). 日本のタカ学 第10章 日本のタカの渡り. 196-201.

46ページ

(*1)Higuchi, H. (2012). Bird migration and the conservation of the global environment. J. Ornithol, 153, Supplement 3-14.

(*2)山階鳥類研究所 (2011). 小型の野鳥に装着可能な軽量記録装置(ジオロケータ)により希少な小鳥類(ブッポウソウ, マミジロ)の越冬地を初めて解明. 山階鳥類研究所プレスリリース2011年7月4日(オンライン) http://www.yamashina.or.jp/hp/p_release/images/20110704_prelease.pdf, 参照2017.9.11.

56ページ

(*1)Kuwae, T., Miyoshi, E., Hosokawa, S., Ichimi, K., Hosoya, J., Amano, T., Moriya, T., Kondoh, M., Ydenberg, R.C., & Elner, R.W. (2012). Variable and complex food web structures revealed by exploring missing trophic links between birds and biofilm. Ecol, Lett, 15, 347–356.

・花輪伸一(2006). 日本の干潟の現状と未来. 地球環境, 11, 235-244.

・花輪伸一, 古南幸弘 (2002). 人工干潟の問題点と課題. 海洋開発論文集, 土木学会, 18, 13-48.

60ページ

(*1)Michael, P.W., & Scott, S. (2004). Conspecific attraction and the conservation of territorial songbirds. Conserv. Biol, 18, 519–525.

74ページ

(*1)Williams, T.C., & Williams, J.M. (1978). An oceanic mass migration of land birds. Sci. Am, 239, 166-176.

(*2)中村司 (2012). 渡り鳥の世界 渡りの科学入門. 山梨日日新聞社, 甲府.

(*3)Yamaguchi, N.M., Hiraoka, E., Hijikata, N., & Higuchi, H. (2017). Migration routes of satellite-tracked Rough-legged Buzzards from Japan: the relationship between movement patterns and snow cover. Ornithol. Sci, 16, 33-41.

80ページ

(*1)Alström, P., Saitoh, T., Williams, D., Nishiumi, I., Shigeta, Y., Ueda, K., Irestedt, M., Björklund, M., & Olsson, U. (2011). The Arctic Warbler Phylloscopus borealis - three anciently separated cryptic species revealed. Ibis, 153, 395-410.

86ページ

(*1)Newton, I. (2012). Obligate and facultative migration in birds: ecological aspects. J. Ornithol, 153, 171-180.

(*2)Korpimäki, E., & Norrdahl, K. (1991). Numerical and functional responses of Kestrels, Short-eared Owls and Long-eared Owls to vole densities. Ecology, 72, 814-825.

(*3)Newton, I. (2006). Advances in the study of irruptive migration. Ardea, 94, 432–460.

(*4)Shaffer, S.A., Tremblay, Y., Weimerskirch, H., Scott, D., Thompson, D.R., Sagar, P.M., Moller, H., Taylor, G.A., Foley, D.G., Block, B.A., & Costa, D.P. (2006). Migratory shearwaters integrate oceanic resources across the Pacific Ocean in an endless summer. PNAS, 103, 12799-12802.

(*5) Yamaguchi, N.M., Hiraoka, E., Hijikata, N., & Higuchi, H. (2017). Migration routes of satellite-tracked Rough-legged Buzzards from Japan: the relationship between movement patterns and snow cover. Ornithol. Sci, 16, 33-41.

88ページ

(*1)Howell, S.N.G., Lewington, I., & Russell, W. (2014). Rare birds of North America. Princeton University Press, Princeton.

(*2)Newton, I. (2008). The migration ecology of birds. Academic Press, London.

90ページ

・富士元寿彦 (2005). 原野の鷲鷹 北海道・サロベツ原野に舞う. 北海道新聞社, 札幌.

91ページ

(*1)樋口広芳 (2014). 日本の鳥の世界. 平凡社. 東京

92ページ

(*1)Robillard, A., Therrien, J.F., Gauthier, G., Clark, K.M., & Bêty, J. (2016). Pulsed resources at tundra breeding sites affect winter irruptions at temperate latitudes of a top predator, the snowy owl. Oecologia, 181, 423-433.

(*2)Therrien, J.F., Gauthier, G., Pinaud, D., & Bêty, J. (2014). Irruptive movements and breeding dispersal of snowy owls: a specialized predator exploiting a pulsed resource. J. Avian. Biol, 45, 536-544.

94ページ

(*1)松原一男・三上かつら (2015). 青森県廻堰大溜池とその周辺地域におけるハクガンの飛来状況. Bird Research, 11, 9-13.

96ページ

(*1)Orben, R.A., Irons, D.B., Paredes, R., Roby, D.D., Phillips, R.A. & Shaffer, S.A. (2015). North or south? Niche separation of endemic red-legged kittiwakes and sympatric black-legged kittiwakes during their non-breeding migrations. J. Biogeogr, 42, 401-412.

(*2)Olsen, K.M. & Larsson, H. (2004). Gulls of Europe, Asia and North America. Christopher Helm, London.

(*3)Kokubun, N., Yamamoto, T., Kikuchi, D.M., Kitaysky, A. & Takahashi, A. (2015). Nocturnal foraging by Red-legged Kittiwakes, a surface feeding seabird that relies on deep water prey during reproduction. PLoS ONE, 10, e0138850.

97ページ

(*1)Hill, NP., & Bishop, KD. (1999). Possible winter quarters of the Aleutian Tern? Wilson. Bull, 111, 559-560.

(*2)Kennerley, PR., Leader, PJ., & Leven, MR. (1993). Aleutian Tern: the first records for Hong Kong. Hong Kong Bird Report 1992: 107-113.

(*3)Lee, DS. (1992). Specimen records of Aleutian Terns from the Philippines. Condor 94, 276-27.

(*4)Pyare, S. (2013). Evaluation of survey methods to assess Aleutian Tern population status. Final performance report: 1-9.

100ページ

(*1)Johnson, O.W., Fielding, L., Fisher, J.P., et al. (2012). New insight concerning transoceanic migratory pathways of pacific golden-plovers (Pluvialis fulva): The Japan stopover and other linkages as revealed by geolocators. Wader Study Group Bulletin, 119, 1-8.

(*2)Johnson, O.W., Porter, R.R., Fielding, L., et al. (2015). Tracking pacific golden-plovers Pluvialis fulva: Transoceanic migrations between non-breeding grounds in Kwajalein, Japan and Hawaii and breeding grounds in Alaska and Chukotka. Wader Study, 122, 13-20.

101ページ

(*1)del Hoyo, J., Elliott, A., Sargatal, J., Christie, D.A. & Kirwan, G. (eds.) (2019). Handbook of the Birds of the World Alive. Lynx Edicions, Barcelona. (online) http://www.hbw.com/, accessed on 28 January 2019.

102ページ

(*1)真木広造, 大西敏一, 五百澤日丸. (2014). 決定版 日本の野鳥650. 平凡社 東京.

(*2)del Hoyo, J., Elliott, A., Sargatal, J., Christie, D.A. & Kirwan, G. (eds.) (2019). Handbook of the Birds of the World Alive. Lynx Edicions, Barcelona. (online) http://www.hbw.com/, accessed on 28 January 2019.

104ページ

(*1)山口恭弘. (2005). Bird Research News, 2(11), 4-5.

110ページ

(*1)Alström, P., Mild, K., & Zettroström, B. (2003). Pipits and Wagtails of Europe, Asia and North America. Christopher Helm, London.

112ページ

(*1)中村一恵 (1987). 密航するカラス—イエガラス. 遺伝, 41, 84–87.

(*2)Fraser, P. (1997). How many rarities are we missing? Weekend bias and length of stay revisited. British Birds, 90, 94-101.

● 著者略歴

先崎 理之（せんざき・まさゆき）
1988年生まれ，北海道出身。野鳥の"渡り"を初めて意識したのは小学生のころ。毎年秋になると夜空から聞こえるたくさんの渡り鳥の声を夢中で識別していた。以来，渡りの魅力にどっぷりと浸かっている。大学教員。

梅垣 佑介（うめがき・ゆうすけ）
1986年生まれ，大阪府出身。小学生時代に住んでいた米国でヤブカケスの渋い美しさに魅せられ，鳥に興味をもつ。離島での探鳥と，カモメ類・ムシクイ類の観察が何より好きな渡り鳥屋。大学教員。

小田谷 嘉弥（おだや・よしや）
1989年生まれ，埼玉県出身。湿地・農地の鳥と海鳥の形態・換羽・生活史に関心があり，特にジシギ類とヤマシギを対象に調査を行っている。環境省鳥類標識調査協力員（バンダー），我孫子市鳥の博物館学芸員。

先崎 啓究（せんざき・ひらく）
1985年生まれ，北海道岩見沢市在住。子供のころに実家の餌台に訪れたハイタカの観察がきっかけで猛禽類好きに。現在はチュウヒなど追いかけ全国各地に観察にでかける。共著に『フィールドガイド日本の猛禽類vol. 1〜4（西本眞理子植物画工房マカロン）』。次作も誠意作成中！フリーランスの鳥類調査員。

高木 慎介（たかぎ・しんすけ）
1985年生まれ，愛知県出身・在住。小学生のころから鳥見を始め，大学時代を過ごした鹿児島で渡り鳥観察にどっぷりハマる。渡り鳥が飛来する条件がわかっていても，たいていよい条件のときは仕事なのが週末バーダーの哀しいところ。

西沢 文吾（にしざわ・ぶんご）
1986年生まれ，東京都出身。小学生のころから鳥見を始め，中学生のときに三宅島航路で海鳥デビューを果たす。それ以来，海鳥に魅了されてやまない。国立極地研究所日本学術振興会特別研究員。

原 星一（はら・せいいち）
1990年生まれ，愛知から長野，青森へと移り住む。近年は夜間活動する鳥の観察にも力を入れており，当面の目標は夜間に渡る鳥を各地でたくさん観察，撮影すること。フリーランスの鳥類調査員。

Young Guns（やんぐ・がんず）
本書の執筆者が中心メンバーとなる鳥見グループ。柔軟な発想と行動力で，鳥の形態や生態の謎に迫る。BIRDER誌にて「Young Gunsの野鳥ラボ Season II」を好評連載中。

● デザイン：君島 晃

BIRDER\ SPECIAL

日本の渡り鳥観察ガイド

2019年5月17日　初版1刷発行
2019年6月17日　初版2刷発行

著	先崎理之，梅垣佑介，小田谷嘉弥，先崎啓究，高木慎介，西沢文吾，原星一（Young Guns）
発行者	斉藤博
発行所	株式会社　文一総合出版
	〒162-0812　東京都新宿区西五軒町2-5
	TEL：03-3235-7341　FAX：03-3269-1402
	URL：https://www.bun-ichi.co.jp　振替：00120-5-42149
印刷	奥村印刷株式会社

©Masayuki Senzaki, Yusuke Umegaki, Yoshiya Odaya, Hiraku Senzaki, Shinsuke Takagi, Bungo Nishizawa, Seiichi Hara 2019　Printed in Japan
ISBN978-4-8299-7508-4　NDC：488　128ページ　B5（182×257mm）
乱丁・落丁本はお取り替えいたします。

JCOPY　＜（社）出版者著作権管理機構 委託出版物＞

本書の無断複写は著作権法上での例外を除き禁じられています。複写される場合は，そのつど事前に，（社）出版者著作権管理機構（電話03-3513-6969，FAX 03-3513-6979，e-mail: info@jcopy.or.jp）の許諾を得てください。また本書を代行業者等の第三者に依頼してスキャンやデジタル化することは，たとえ個人や家庭内の利用であっても一切認められておりません。